낚시꾼을 위한

우리바다 어류도감

낚시꾼을 위한 우리바다 어류도감

1판 1쇄 발행 2014년 06월 10일
1판 7쇄 발행 2023년 02월 24일
엮 은 이 장호일
발 행 인 이범만
발 행 처 **21세기사** (제406-2004-00015호)
경기도 파주시 산남로 72-16 (10882)
Tel. 031-942-7861 Fax. 031-942-7864
E-mail : 21cbook@naver.com
Home-page : www.21cbook.co.kr
ISBN 978-89-8468-537-6

정가 20,000원

낚시꾼을 위한

우리바다 어류도감

장호일 엮음

21세기사

바다낚시의 예절과 법규

■ 낚시 후 반드시 지켜야 할것

낚시를 갈 때는 쓰레기봉투를 지참하여 가져간 쓰레기는 모두 수거하여 분리 수거해서 버려야 한다. 그러나 밑밥 부스러기 같은 경우는 수거를 할 수가 없다. 이러한 것들은 그대로 방치해 두면 악취가 날 뿐만 아니라 또 다른 오염원이 되므로 밑밥을 사용하였다면 철수하기 전에 꼭 바닷물을 길어 주변을 깨끗이 씻고 오는 일을 잊지 말아야 한다.

■ 서로 나누고 지켜야 할 일들

방파제와 같이 많은 사람들이 동시에 낚시를 하는 경우는 자신보다 먼저 도착해 낚시를 하고 있는 사람에게 간단한 인사말을 전한다. 왜냐하면 혼잡한 낚시터에서 낚시줄이 서로 엉키는 일은 다반사이므로 서로간의 커뮤니케이션이 필요하다. 또한 낚시를 하고 있는 사람들 사이로 비집고 드는 일은 피해야 하며 다른 낚시인을 위해 양보도 필요하다. 방파제나 갯바위에는 지역에 따라 출입 금지 구역이 설정되어 있기도 하고 출입 시간이 통제되는 곳도 있다. 또 법률로 정한 채포금지 어종이 있으며 특정 어종에 대한 금어기간과 낚시금지 체장이 정해져 있는 경우도 있다. 민물의 쏘가리나 은어, 모천회귀를 하는 연어는 자원보호를 위해 낚시금지 크기와 기간이 정해져 있다. 마찬가지로 바다에 서식하는 물고기들에게도 낚시금지 기간이 있는가 하면, 잡히더라도 다시 놓아 주어야하는 크기가 법으로 정해져 있다. 바닷물고기에 대해서는 의외로 잘 알려져 있지 않은 사항도 많으므로 본의 아니게 범법자가 되지 않도록 내용을 숙지할 필요가 있다.

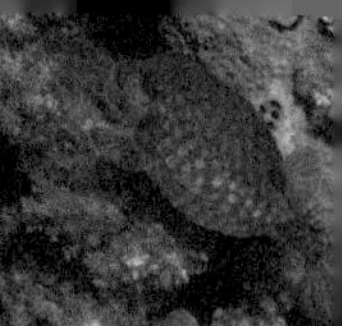

차례

가자미목

넙치	14
점넙치	16
별넙치	18
풀넙치	20
흑대기	22
노랑각시서대	24
참서대	26
용서대	28
개서대	30
찰가자미	32
돌가자미	34
갈가자미	36
물가자미	38
범가자미	40
층거리가자미	42
참가자미	44
눈가자미	46
도다리	48
줄가자미	50
기름가자미	52
문치가자미	54
용가자미	56

금눈돔목

금눈돔	58
도화돔	60
철갑둥어	62

농어목

여덟동가리	64
애꼬치	66
꼬치고기	68
만새기	70
네동가리	72
실꼬리돔	74
망상어	76
동갈양태	78
도화양태	80
꽁지양태	82
빨판상어	84
문절망둑	86
풀망둑	88
도화망둑	90
빨갱이	92
노랑벤자리	94
덕대	96
병어	98

붉바리 100
다금바리 102
능성어 104
도도바리 106
붉벤자리 108
우각바리 110
점농어 112
농어 114
선홍치 116
갈치 118
장갱이 120
열동가리돔 122
줄도화돔 124
동강연치 126
보라기름눈돔 128
도루묵 130
베도라치 132
통치 134
등가시치 136
독돔 138
흑조기 140
부세 142
민어 144
보구치 146
수조기 148
민태 150
참조기 152
황강달이 154
눈강달이 156
줄갈돔 158
주걱치 160
홍치 162
뿔돔 164
게르치 166
민전갱이 168
갈전갱이 170
실전갱이 172
전갱이 174
줄전갱이 176
병치매가리 178
고등가라지 180
가라지 182
붉은가라지 184
방어 186
부시리 188
잿방어 190

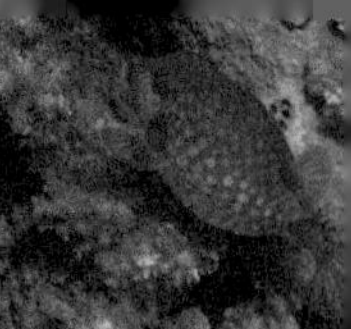

차례

황옥돔 192
옥돔 194
등흑점옥두어 196
옥두어 198
세동가리돔 200
군평선이 202
돌돔 204
강담돔 206
고등어 208
참다랑어 210
망치고등어 212
꼬치삼치 214
황다랑어 216
삼치 218
줄삼치 220
눈다랑어 222
가다랑어 224
뭉치다래 226
자리돔 228
노랑자일돔 230
노랑촉수 232
독가시치 234
푸렁통구멍 236
벤자리 238
어름돔 240
호박돔 242
용치놀래기 244
사랑놀래기 246
어렝놀래기 248
황놀래기 250
날쌔기 252
범돔 254
벵에돔 256
눈볼대 258
감성돔 260
황돔 262
참돔 264
붉돔 266
황줄돔 268
쌍동가리 270
칠색동가리 272
열쌍동가리 274
보리멸 276
청보리멸 278
연어병치 280
샛돔 282

까나리 284

달고기목

달고기 286

민달고기 288

대구목

명태 290

대구 292

동갈치목

꽁치 294

동갈치 296

날치 298

학공치 300

메기목

쏠종개 302

바다빙어목

샛멸 304

복어목

객주리 306

말쥐치 308

쥐치 310

날개쥐치 312

개복치 314

거북복 316

가시복 318

은밀복 320

흑밀복 322

검복 324

까치복 326

복섬 328

자주복 330

졸복 332

참복 334

황복 336

흰점복 338

실고기목

홍대치 340

숭어목

가숭어 342

등줄숭어 344

숭어 346

쏨뱅이목

불볼락 348

개볼락 350

황해볼락 352

우럭볼락 354

조피볼락 356

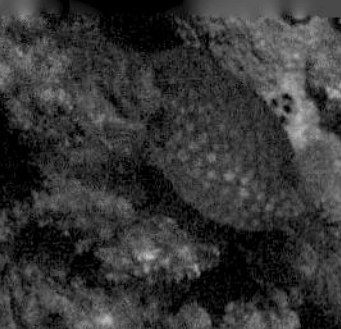

차례

볼락 358
쏨뱅이 360
붉은쏨뱅이 362
홍감펭 364
붉감펭 366
점감펭 368
쏠배감펭 370
비늘양태 372
양태 374
까지양태 376
빨간양태 378
눈양태 380
빨간횟대 382
대구횟대 384
까치횟대 386
꼼치 388
고무꺽정이 390
살살치 392
풀미역치 394
삼세기 396
쌍뿔달재 398
가시달강어 400
밑달갱이 402
달강어 404
성대 406
노래미 408
쥐노래미 410
임연수어 412
미역치 414
뚝지 416
별쭉지성대 418
쑤기미 420

아귀목

아귀 422
황아귀 424

연어목

연어 426

첨치목

붉은메기 428
그물메기 430
양미리 432

청어목

청멸 434
멸치 436
반지 438
웅어 440

정어리 442
청어 444
눈퉁멸 446
샛줄멸 448
전어 450
밴댕이 452
준치 454
홍매치목
매퉁이 456
황매퉁이 458
날매퉁이 460
히메치 462
홍어목
매가오리 464
흰가오리 466
목탁가오리 468
노랑가오리 470
가래상어 472
고려홍어 474
홍어 476
괭이상어목
괭이상어 478
삿징이상어 480
돔발상어목
곱상어 482
모조리상어 484
신락상어목
꼬리기름상어 486
악상어목
청상아리 488
은상어목
은상어 490
흉상어목
별상어 492
까치상어 494
표범상어 496
불범상어 498
두툽상어 500
먹장어목
먹장어 502
묵꾀장어 504
뱀장어목
뱀장어 506
붕장어 508
칠성장어목
칠성장어 510

바다
어류

넙치

분 포

우리나라 전 연근해, 일본, 발해만, 동중국해

서식지

서해안에서는 겨울철 흑산도 서방 해역에서 월동하다가 봄이 되면 북쪽 해역으로 이동하여 서해연안에 분포 서식하다가 가을에 다시 남하하는 남북회유를 한다.

형 태

몸은 긴 타원형으로 측편하며 눈은 왼쪽에 있다. 입은 매우 크며 위턱의 뒤끝은 눈보다도 더 뒤쪽에 도달한다. 양 턱의 이빨은 단단한 송곳니 모양이며 1열이다. 등지느러미는 윗눈 앞쪽의 눈이 없는 쪽에서 시작된다. 양측의 배지느러미는 서로 대칭한다. 비늘은 작으며 눈이 있는 쪽은 빗비늘, 없는 쪽은 둥근비늘이다. 옆줄은 1개로 가슴지느러미 위쪽에서 둥글게 구부러져 있다. 눈이 없는 쪽의 가슴지느러미 중앙부의 연조는 갈라져 있다. 두 눈 사이는 편평하다.

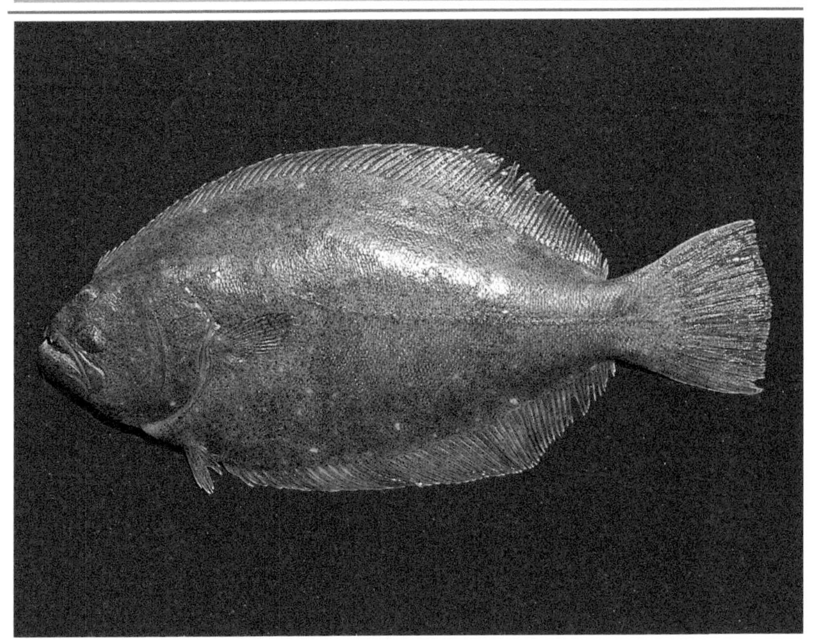

점넙치

분 포

우리나라 전 연안, 일본 북해도 이남, 중국 등에 분포

서식지

대륙붕～대륙사면에 서식하며 주 서식 수심은 10～80m 내외의 모래 바닥에 서식한다.

형 태

몸은 타원형이고 머리의 등쪽 윤곽은 눈의 전방에서 오목하다. 꼬리자루는 짧고 폭이 넓다. 입은 크고 주상악골은 눈의 가운데 아래쪽에 또는 그것보다도 뒤쪽까지 달한다. 제1새궁은 5～7+15～19개로 가늘고 긴 새파가 있으며 가장 긴 새파는 눈 크기의 약 절반 가량이다. 비늘은 눈이 있는 쪽은 빗비늘, 눈이 없는 쪽은 둥근비늘이다. 입에 작은 이빨이 빽빽이 나 있다. 등지느러미의 시작은 후비공의 바로 위나 앞뒤 두 콧구멍의 중간에 위치한다. 등지느러미 앞부분의 줄기는 길게 연장되어 있지 않다.

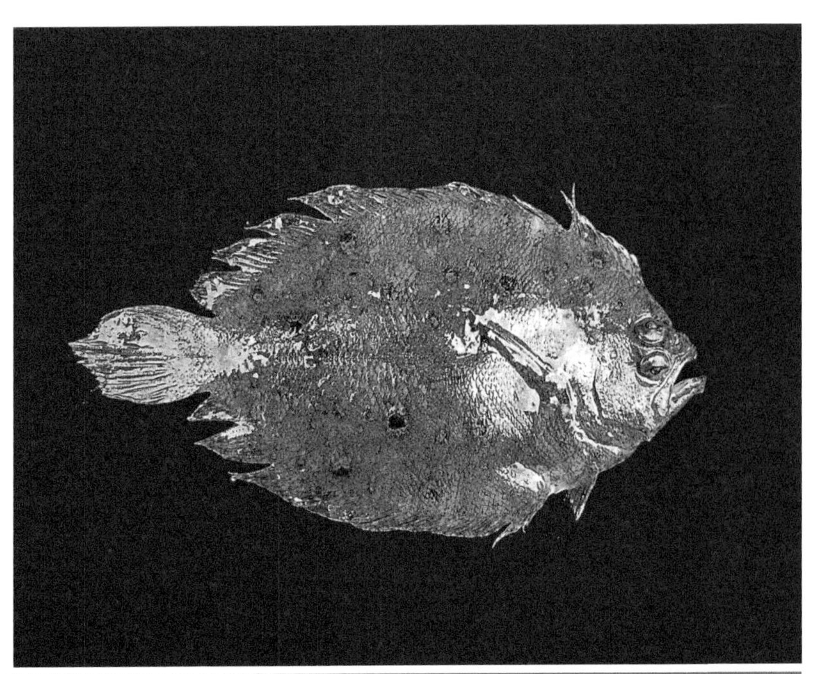

별넙치

분 포

우리나라 중부이남, 일본 중부이남, 황해, 동중국해, 남중국해

서식지

수심 30m 이내의 바닥에 주로 서식한다.

형 태

몸은 타원형으로 체고가 높으며 머리는 눈 앞부분에서 약간 오목하다. 주둥이는 짧고 입은 크다. 위턱의 뒤끝은 아래 눈의 중앙 아래를 넘고 위턱의 이빨은 작고 조밀하며 앞쪽은 송곳니이다. 아래턱 이빨은 눈이 없는 쪽에 20~25개가 있다. 비늘은 눈이 없는 쪽에 둥근비늘, 눈이 있는 쪽에 빗비늘이다. 옆줄은 가슴지느러미 위쪽에서 활모양으로 굽어져 있다.

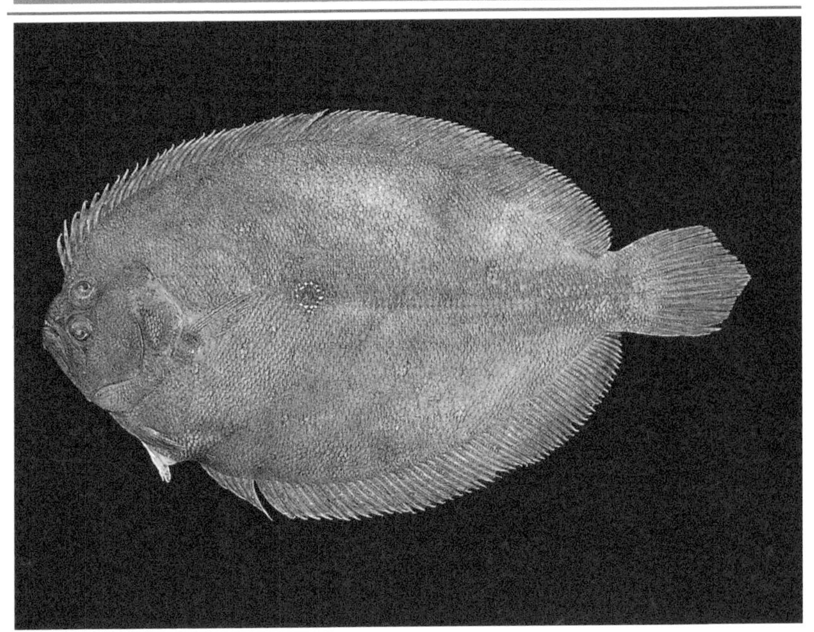

풀넙치

분 포

우리나라 남해, 일본, 동중국해, 필리핀

서식지

제주도 동방 해역에서 남쪽으로 대륙붕 가장자리 주변 해역에 주로 서식하며, 서식 수심은 200~500m로 깊은 편이다.

형 태

몸은 긴 타원형이며 눈은 왼쪽에 위치한다. 두 눈 사이는 좁지만 융기되어 있다. 눈은 크고 위 눈이 아래 눈보다 약간 앞쪽에 있으며 등쪽 가까이에 접근되어 있다. 입은 크고 위턱 뒤끝 부분은 눈의 뒤쪽 아래까지 도달하며 양 턱의 이빨은 작고 이빨띠를 형성한다. 아래턱의 봉합부는 돌출한다. 비늘은 크고 눈이 있은 쪽은 빗비늘 눈이 없는 쪽은 둥근비늘로 덮여있다. 옆줄은 가슴지느러미 위쪽에서 구부러져 있으며 그 이후 거의 직선으로 꼬리지느러미에 도달한다. 등 · 뒷지느러미 연조는 모두 갈라져 있으며 가슴지느러미는 눈이 있는 쪽은 맨윗쪽 2~3개의 연조와 아래쪽 1개의 연조를 제외하고는 모두 갈라져 있지만 눈이 없는 쪽은 모두 갈라져 있지 않다.

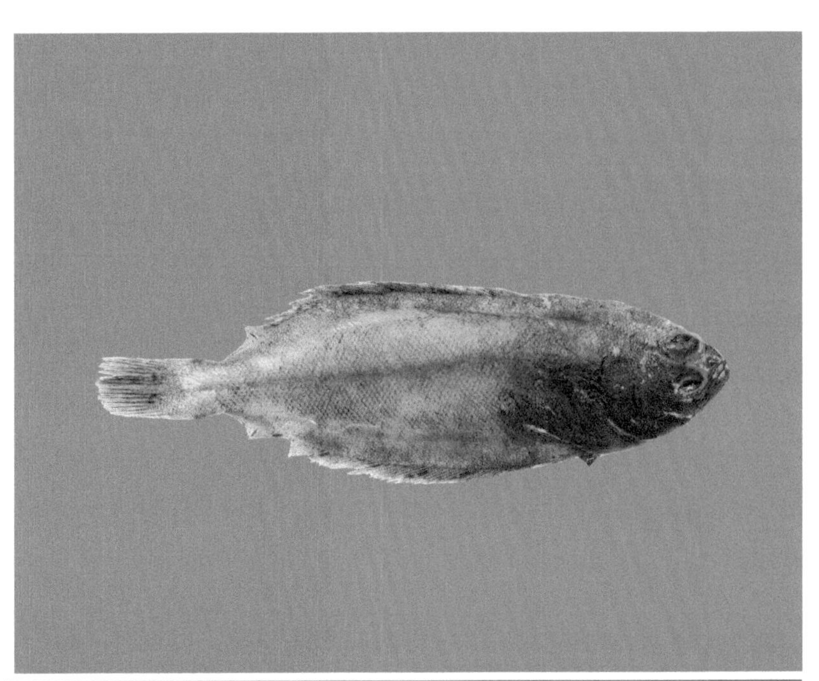

흑대기

분 포

우리나라 전 연안, 일본, 황해, 동중국해

서식지

내만이나 연안의 얕은 곳에서부터 깊은 곳까지 바닥이 모래나 펄질인 곳에 주로 서식한다.

형 태

몸은 머리부분은 혀모양이며 꼬리쪽으로 갈수록 점차 가늘어진다. 눈은 작고 접근하고 위 눈보다 아래 눈이 약간 뒤쪽에 위치한다. 주둥이의 앞쪽은 아래로 크게 구부러져 그 끝이 아래 눈의 뒤쪽 아래 또는 더 뒤쪽까지 도달한다. 입은 아래로 열려 있고 눈이 있는 쪽의 아래 위 입술에는 촉수가 1줄로 배열되어 있다. 비늘은 눈이 있는 쪽은 빗비늘, 눈이 없는 쪽은 둥근비늘로 잘 떨어지지 않는다. 옆줄은 눈이 있는 쪽은 3줄이나 눈이 없는 쪽에는 없다. 꼬리지느러미는 등지느러미 및 뒷지느러미와 완전히 연결되어 있으며 눈이 있는 쪽에는 배지느러미가 있지만 눈이 없는 쪽에는 없다.

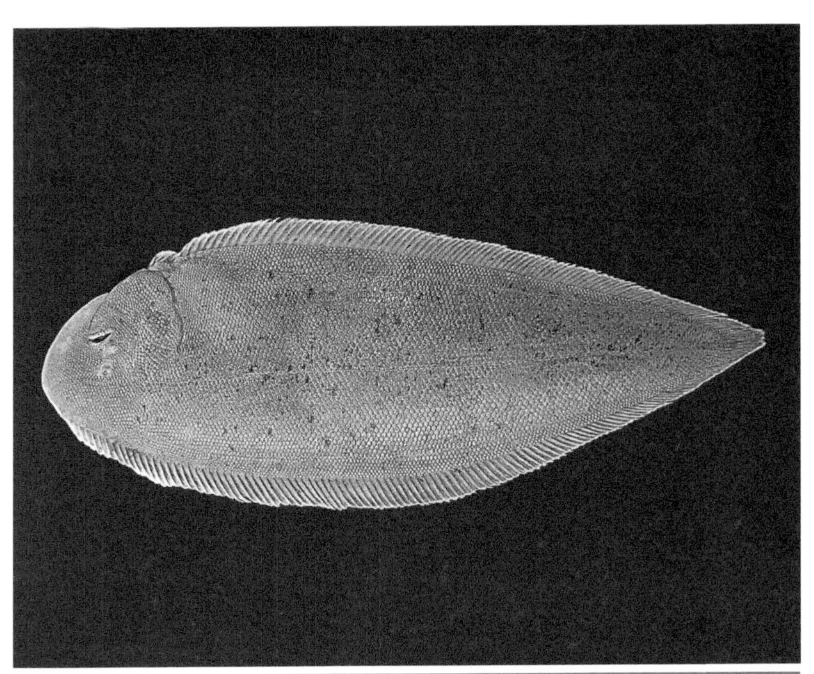

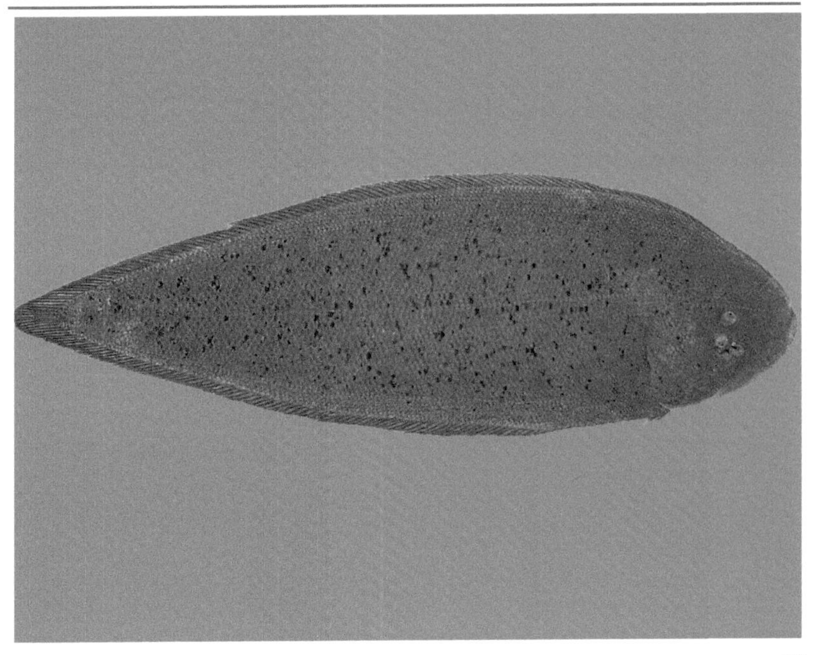

노랑각시서대

분 포

우리나라 서 · 남해, 발해, 황해, 동중국해

서식지

황해중부 해역에서 대만북부 해역에 걸쳐 수심 100m 이내 황해중부 해역에서 대만북부 해역에 걸쳐 수심 100m 이내의 대륙붕 위에 주로 서식한다.

형 태

몸은 긴 타원형으로 머리는 작고 눈은 오른쪽에 위치한다. 눈은 작고 서로 접근하며 두 눈 사이는 평탄하다. 꼬리지느러미는 등지느러미 및 뒷지느러미와 완전히 연결되어 있어 그 경계가 분명치 않다. 눈이 있는 쪽의 가슴지느러미 위쪽 연조는 눈이 없는 쪽보다 매우 길다. 비늘은 양쪽 모두 빗비늘로 눈이 없는 쪽의 가슴지느러미 및 배지느러미를 제외하고 각 지느러미 막은 모두 비늘로 덮여있다.

참서대

분 포

우리나라 서 · 남해, 일본 남부해, 황해, 동중국해

서식지

수심 70m이내의 내만이나 연안의 얕은 바다로 바닥이 펄과 모래가 섞인 곳에 주로 서식한다.

형 태

몸은 혀처럼 생겼다. 눈은 왼쪽에 있고 매우 작다. 입은 낚시바늘 모양으로 접어져 있고 그 뒤끝은 눈 보다 더 뒤쪽에 위치한다. 비늘은 떨어지기 쉬우며 눈 있는 쪽은 빗비늘이나 눈이 없는 쪽은 빗비늘 또는 둥근비늘이다. 눈이 있는 쪽은 3줄의 옆줄이 있으나, 눈이 없는 쪽은 옆줄이 없다. 등지느러미와 뒷지느러미는 꼬리지느러미와 완전히 연결되어 있으며 가슴지느러미는 없다. 등쪽의 옆줄과 중앙의 옆줄 사이의 비늘수는 11~13개이다.

용서대

분 포

우리나라 서 · 남해, 일본 남부해, 황해, 동중국해

서식지

모래질 또는 펄질이 섞인 모래질 바닥으로 제주도 서남방 해역에 주로 서식한다.

형 태

몸은 긴 타원형으로 머리부분이 둥글고 뒤쪽으로 갈수록 가늘어진다. 눈은 작고 왼쪽에 있으며 위 눈이 아래 눈보다 약간 앞쪽에 위치한다. 두 눈 사이는 좁고 눈지름과 거의 같은 길이이다. 입은 낚시모양이며, 뒤끝이 아래 눈보다 더 뒤쪽에 위치한다. 눈이 있는 쪽의 입술에는 촉수가 없다. 비늘은 작고 잘 떨어지지 않으며 눈이 있는 쪽은 강한 빗비늘, 눈이 없는 쪽은 약한 빗비늘 또는 둥근비늘이다. 옆줄은 눈이 있는 쪽에 3개로 등쪽과 몸 중앙부분 및 배쪽에 위치해 있으며 몸 중앙을 중심으로 각 옆줄 사이의 비늘 수는 약 18~19개이다. 눈이 없는 쪽은 옆줄이 없다. 꼬리지느러미는 등지느러미 및 뒷지느러미와 연결되어 있으며 그 뒤끝은 뾰족하다.

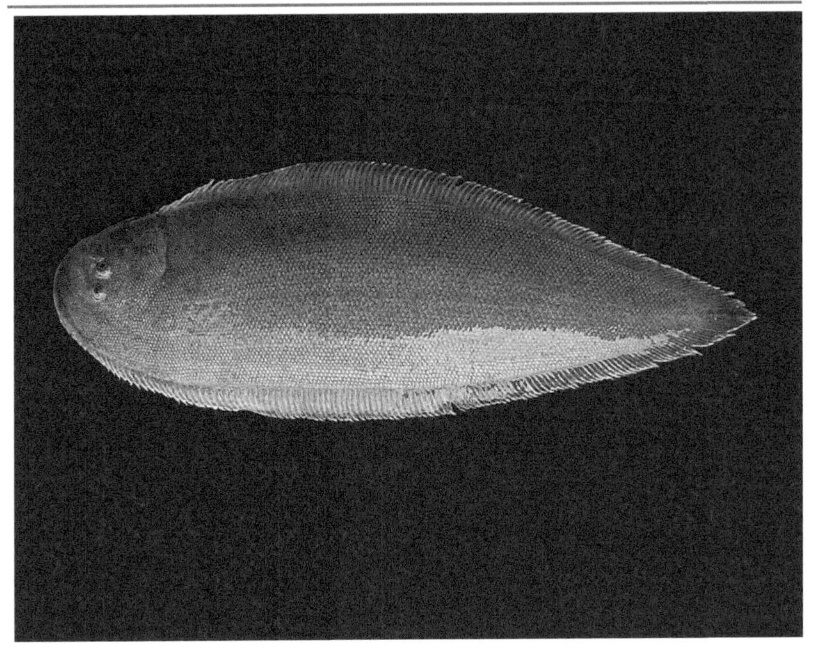

개서대

분 포

우리나라 서·남해, 일본 남부해, 황해, 동중국해

서식지

우리나라 남해안과 서해안으로 회유해 오는 무리는 겨울철에 제주도 서방 또는 남방해역의 깊은 곳에서 월동하고, 봄이 되면 연안으로 이동하여 산란 또는 서식한다.

형 태

눈은 긴 타원형으로 머리부분은 둥글고 뒤로 갈수록 가늘어진다. 눈은 작고 왼쪽에 있고 위 눈이 약간 앞쪽에 위치한다. 입은 낚시모양이며 그 뒤끝은 눈 뒤 가장자리에 달하지 않는다. 입술에 촉수가 없다. 비늘은 떨어지기 쉬우며 눈이 있는 쪽은 약한 빗비늘이나 눈이 없는 쪽은 둥근비늘이다. 옆줄은 2줄로 등쪽과 몸 중앙부분에 있으며 이들 사이의 비늘 수는 10~11개이고 눈이 없는 쪽은 옆줄이 없다. 등지느러미와 뒷지느러미는 꼬리지느러미와 완전히 연결되어 있으며 각 연조는 갈라져 있지 않다. 가슴지느러미가 없으며 배지느러미도 눈이 있는 쪽에만 있고 눈이 없는 쪽에는 없다.

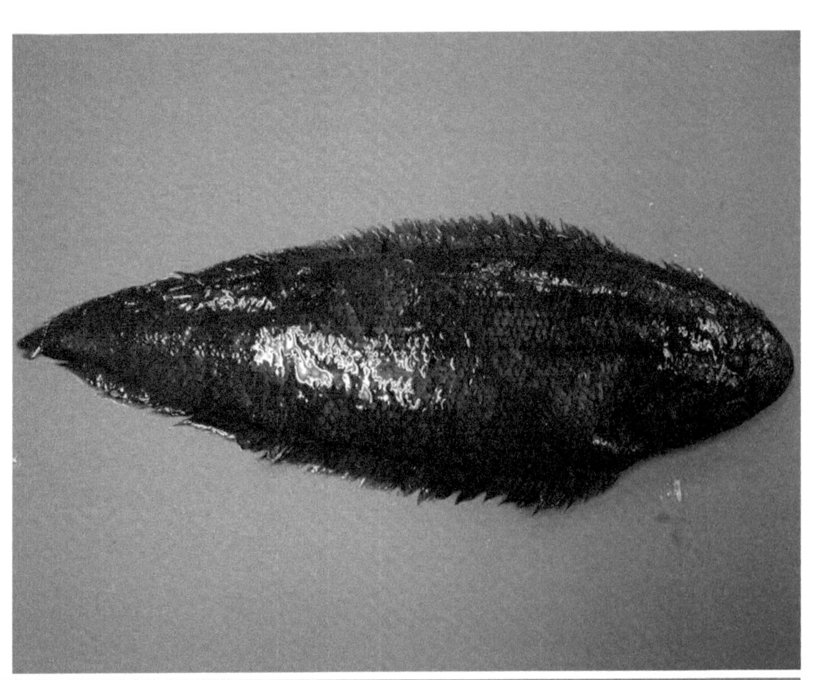

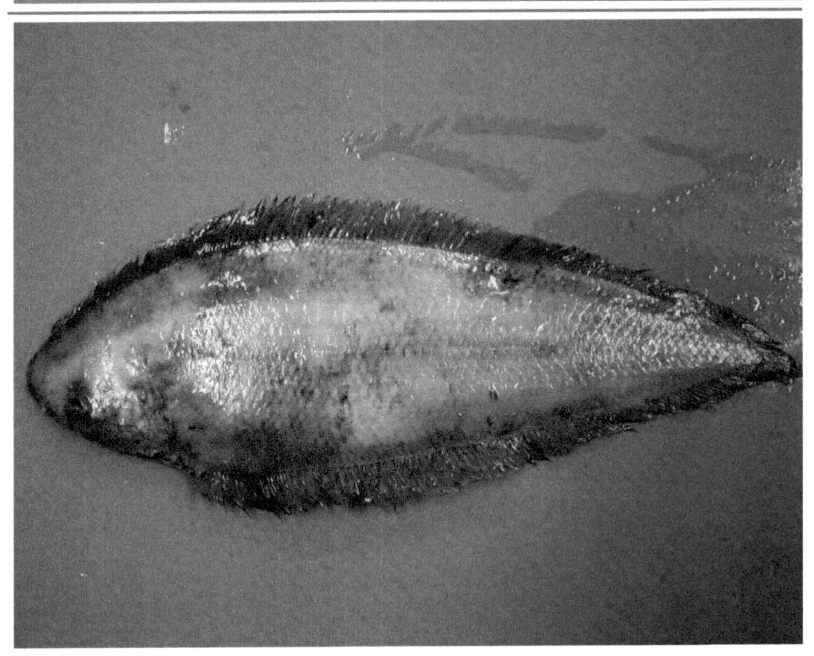

찰가자미

분 포

우리나라 연해, 일본 서해, 발해, 황해, 동중국해

서식지

바닥이 펄이나 모래질인 수심 50~450m 해역

형 태

몸은 긴 타원형으로 꼬리길이는 매우 짧고 꼬리높이는 매우 높은 편이다. 입은 작고 좌우로 대칭하지 않으며 입술은 두꺼운 편이다. 옆줄은 가슴지느러미 위쪽에서 약간 구부러져 있다. 몸 표면에 점액성 물질이 풍부하다. 눈은 오른쪽에 위치하며 두 눈 사이는 약간 넓고 편평하다. 양턱의 이빨은 눈이 없는 쪽에만 발달하고 앞니모양으로 1줄로 밀생된다. 비늘은 모두 작고 둥근비늘로 피부에 약간 묻혀 있으며 주둥이, 안구, 두 눈 사이에는 비늘이 없다. 등지느러미와 뒷지느러미의 연조는 두꺼운 편으로 갈라져 있지 않다. 꼬리지느러미 뒷끝은 둥근 편이다.

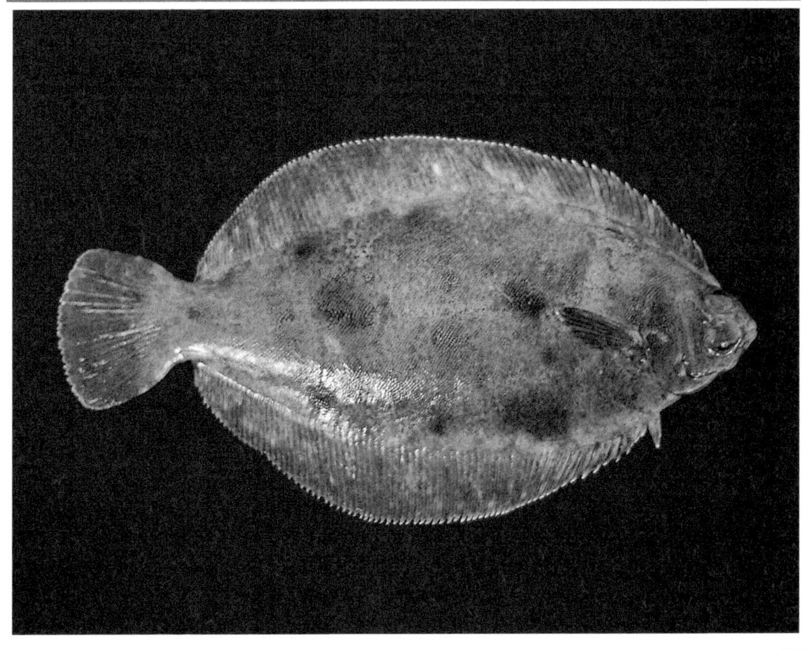

돌가자미

분 포

우리나라 전 연해, 일본 연해, 황해, 대만, 동중국해

서식지

서해안의 경우 여름철에 백령도와 압록강 사이에 분포하고 있던 어군은 수온이 내려가기 시작하는 가을부터 남쪽으로 이동하기 시작하여 백령도 이남 해역에서 월동하고 다시 봄이 되면 북으로 이동한다.

형 태

몸은 타원형이며 눈은 오른쪽에 위치하고 두 눈 사이는 편평하다. 성어는 눈이 있는 쪽에 옆줄의 아래위와 등부분 및 배부분의 중앙에 골질의 돌기물이 줄지어 있다. 피부는 매끈하고 비늘은 없다. 입은 작고 이빨은 앞니 모양으로 양 턱에 1줄씩 있다. 옆줄은 눈 있는 쪽과 없는 쪽 모두 잘 발달되어 있으며 거의 직선 모양이다. 꼬리지느러미 끝은 둥글다.

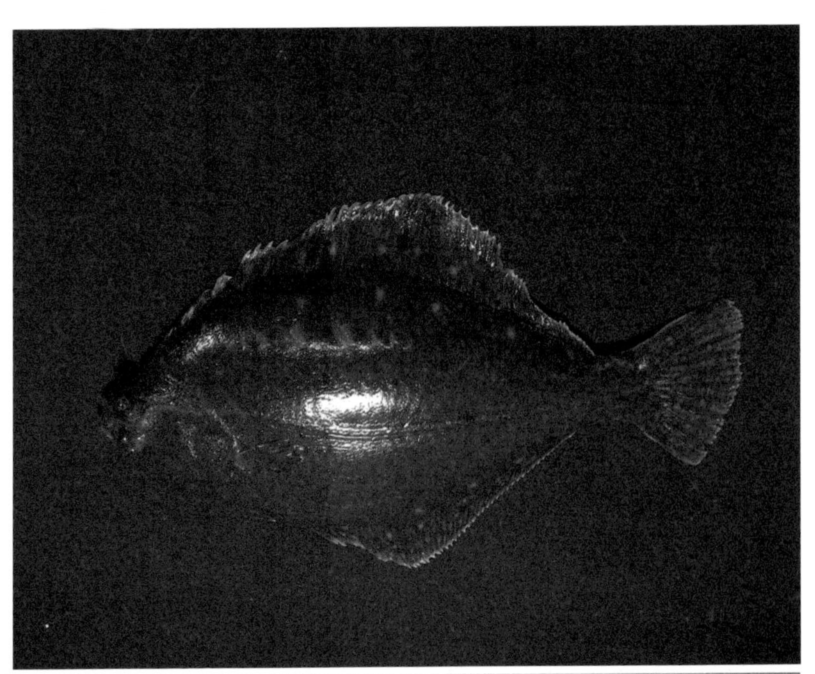

갈가자미

분 포

우리나라 서 · 남해, 일본 북해도 이남, 발해, 황해, 동중국해, 대만

서식지

수심 200m 이내의 바닥이 펄이나 모래질인 연안

형 태

몸은 긴 타원형으로 매우 측편한다. 위 눈은 머리의 등쪽 가장자리에 접근되어 있으며 아래눈보다도 약간 뒤쪽에 위치한다. 두 눈 사이는 좁고 안구 표면에 비늘이 있다. 몸의 양쪽 모두 작은 둥근비늘이다. 입은 작고 위턱의 뒤끝은 아래 눈 눈동자의 앞쪽 가장자리까지 도달한다. 양 턱의 이빨은 앞니모양으로 둔하고 짧으며 1줄이다. 등지느러미와 뒷지느러미의 뒤쪽의 20연조는 갈라져 있으며 다소 가는 편이다. 아래턱 봉합부에는 골질돌기가 있다. 눈 없는 쪽과 머리부분에는 오목한 점액구멍이 없다. 옆줄은 가슴지느러미 위쪽에서 약간 구부러져 있다. 꼬리지느러미 뒤끝 부분은 둥글다.

물가자미

분 포

우리나라 전 연근해, 일본 연안, 발해만, 동중국해, 대만

서식지

수심 200m 이내의 바닥이 모래나 펄질인 곳에 산다.

형 태

입은 큰 편이고 위턱의 끝은 눈의 중앙 아래까지 도달한다. 비늘은 눈이 있는 쪽은 빗비늘, 눈이 없는 쪽은 둥근비늘이다. 옆줄은 가슴지느러미 위부분에서 반달모양으로 볼록하게 휘어져 있다. 등지느러미는 윗눈 앞쪽의 눈이 없는 쪽에서 시작한다. 가슴지느러미의 중간과 아래쪽의 연조는 갈라져 있다(눈이 있는 쪽의 가슴지느러미 연조수는 11개이며, 그 중 7개가 갈라져 있다). 두 눈 사이는 편평하다.

범가자미

분 포

우리나라 서남부 연근해, 일본 중부이남, 발해, 동중국해, 황해

서식지

서해안의 경우, 수온이 낮아지는 9~10월경 발해나 황해북부에서 남쪽으로 이동하기 시작하여 11월에 산동반도 외해측에 출현하고, 그 후 더욱 남하하여 12월에는 북위 36° 1월에는 북위 35° 까지 이동하여 이 해역에서 3월까지 월동하다가 봄이 되면 분산되어 북쪽으로 이동하는 것으로 추정된다.

형 태

몸은 긴 타원형이다. 입은 크고 위턱 길이는 머리 길이의 1/3 정도이다. 양 턱의 이빨은 원뿔니로 위턱은 2줄이고 아래턱은 앞줄에는 2줄이나 중간에서 뒤쪽은 1줄이다. 위 눈은 머리부분의 위 끝 가장자리에 가깝게 위치한다. 옆줄은 머리부분의 위 부분에서 약간 구부러지며 뒤쪽으로는 거의 직선이다. 눈이 있는 쪽은 빗비늘, 눈이 없는 쪽은 빗비늘과 둥근비늘이 섞여 있다.

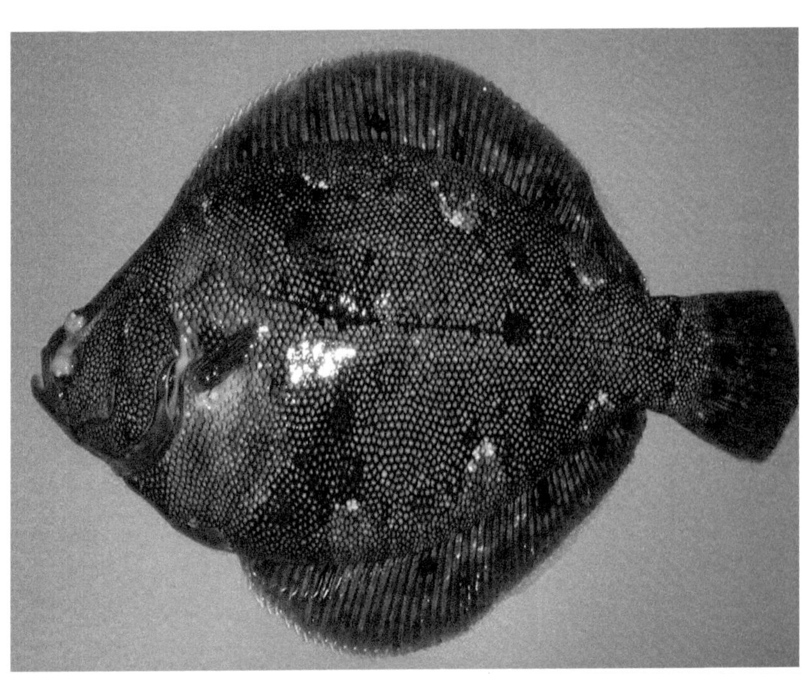

층거리가자미

분 포

우리나라 동해, 일본 북부, 사할린, 오호츠크해

서식지

찬물을 좋아하는 냉수성 어종으로 수심 30m이내인 연안의 모래바닥에 주로 서식한다.

형 태

몸은 계란형으로 체고는 높으며 입은 작고 비틀어져 있다. 위에 눈의 등쪽 외곽은 앞 가장자리에서 움푹 들어가 있으며 주둥이는 위쪽으로 돌출한다. 양턱과 이빨은 눈이 없는 쪽이 있는 쪽보다 발달한다. 이빨은 둔한 원뿔모양으로 줄지어 있다. 옆줄은 가슴지느러미 위쪽에서 반원모양으로 구부러져 있다. 비늘은 둥근비늘이다(단 수컷의 머리에 빗비늘이 있다).

참가자미

분 포

우리나라 전 연안, 일본, 황해, 발해, 동중국해

서식지

연안 저서성 어류로서 수심 150m 이내인 바닥이 펄이나 모래질인 곳에 주로 서식한다.

형 태

몸은 타원형으로 매우 측편하며 머리의 등쪽은 위 눈 근처에서 약간 오목하다. 두 눈 사이는 좁고, 주둥이는 약간 위쪽으로 구부러져 있다. 각 지느러미 연조에 작은 비늘이 붙어 있다. 입은 작고 이빨은 앞니모양으로 약하며 1줄로 줄지어 있다. 옆줄은 가슴지느러미 위쪽에서 반달 모양으로 구부러져 있다. 눈이 있는 쪽은 빗비늘 눈이 없는 쪽은 둥근비늘로 덮여있다.

눈가자미

분 포

우리나라 연안, 일본 북해도 이남, 동중국해

서식지

대마도와 남부해를 잇는 대륙붕 위의 좁은 해역으로 바닥이 모래나 펄질인 수심 100~200m에 서식한다.

형 태

몸은 긴 타원형으로 측편하며, 눈은 오른쪽에 있다. 두 눈은 크고 눈 위에 비늘이 있으며, 위에 눈은 머리의 등쪽 가장자리에 도달하고 아래 눈보다 뒤쪽에 위치한다. 옆줄은 가슴지느러미 위쪽에서 약간 휘어지거나 거의 직선이다. 주둥이는 짧고 입도 작고 대칭하지 않는다. 등 · 뒷지느러미의 연조는 갈라져 있지 않으며, 눈이 있는 쪽의 가슴지느러미는 위쪽 2개 연조와 아래쪽 1개 연조를 제외하고는 모두 갈라져 있다. 두 눈 사이는 매우 좁고 융기되어 있다. 양 턱에 작은 원뿔니가 1줄로 나 있으며, 아래턱 앞쪽에 골질돌기가 있다. 비늘은 작고 떨어지기 쉬우며 눈이 있는 쪽은 약한 빗비늘, 없는 쪽은 둥근비늘이다.

도다리

분 포

우리나라 전 연안, 일본 북해도 이남 해역, 발해, 동중국해, 대만

서식지

계절적 이동은 완전히 밝혀지지 않았지만, 서해안의 경우 가을~겨울에 걸쳐 남쪽으로 이동하여 제주도 서방 해역에서 월동하고 봄이 되면 북쪽으로 이동하는 것으로 추정된다.

형 태

몸은 약간 둥근 마름모꼴로서 체고가 높다. 눈은 몸의 오른쪽에 있으며 매우 돌출한다. 입은 작고 입술은 두껍다. 두 눈 사이는 높고 융기선을 형성하며 그 앞뒤에 골질 돌기가 있다. 비늘은 몸의 양쪽 다 작은 둥근비늘이다. 옆줄은 가슴지느러미 위쪽에서 구부러지지 않고 거의 직선으로 뻗으며 머리 위쪽에서 등쪽 가장자리와 나란히 달리는 부속지가 있다.

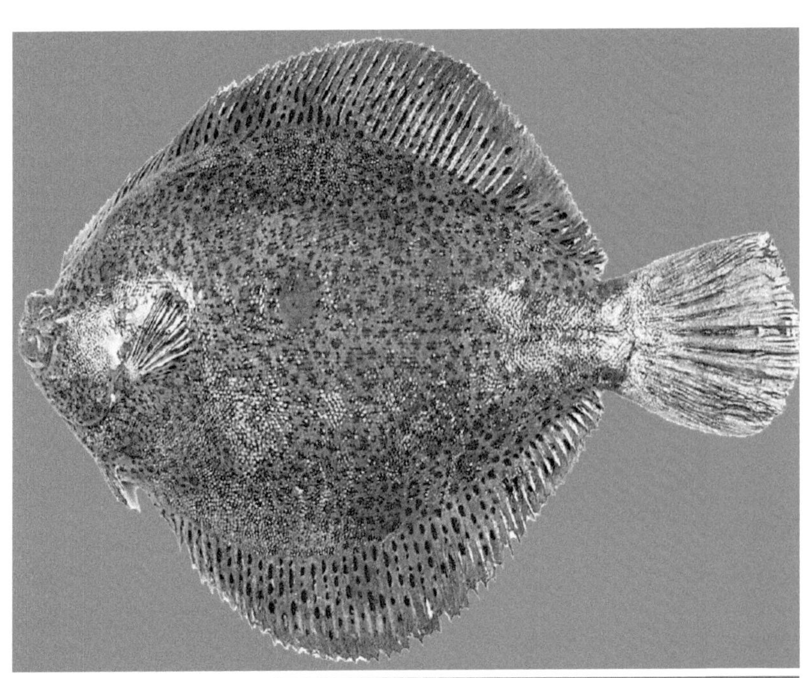

줄가자미

분 포

우리나라 동 · 서해, 일본, 발해, 황해, 동중국해, 캐나다, 동태평양

서식지

심해성 어종으로 수심 150~1,000m이며, 바닥이 펄이나 모래질인 곳이다.

형 태

몸은 원형에 가깝고 체고가 높으며 눈이 크다. 위에 눈은 머리부분의 등쪽 가장자리에 가깝고 아래 눈보다 뒤쪽에 위치한다. 입은 좌우대칭이 아니며 위턱의 뒤끝은 눈이 있는 쪽에서는 아래 눈의 앞쪽보다 약간 뒤쪽까지 눈이 없는 쪽에서는 그보다 더 뒤쪽에 도달한다. 이빨은 원뿔니로 양턱에 불규칙적으로 1~2줄 배열되어 있으며, 눈이 없는 쪽이 잘 발달한다. 눈이 있는 쪽에 혹같은 조잡한 골판돌기가 줄지어 있다. 피부는 눈이 있는 쪽은 거칠고, 눈이 없는 쪽은 매끈하다. 비늘이 없다.

기름가자미

분 포

우리나라 동 · 남해, 일본, 오호츠크해, 북태평양

서식지

바닥이 펄이나 모래질인 수심 50~700m인 해역(대부분 300m이상)

형 태

몸은 긴 난형이고 측편하며 머리는 짧은 편이다. 눈은 크고 위에 눈은 머리의 등쪽 가장자리에 접근하며 아래 눈보다 뒤쪽에 위치한다. 입은 작고 위턱 뒤끝은 아래 눈 앞쪽 아래보다 약간 뒤쪽에까지 도달해 있다. 양 턱의 이빨은 앞니모양이며 1줄로 나란히 배열되어 있다. 눈이 없는 쪽의 머리부분에 수 개의 오목한 점액구멍이 있다. 비늘은 눈이 있는 쪽과 없는 쪽 모두 작은 둥근비늘이며 주둥이와 눈 위에는 비늘이 없다. 옆줄은 머리 뒷부분에서 등쪽으로 향한 부속지가 있고 가슴지느러미 위쪽에서 약간 구부러져 있다. 등지느러미는 위 눈의 중앙 위쪽에서 시작된다. 등 · 뒷지느러미의 연조는 갈라져 있지 않고 가는 편이다.

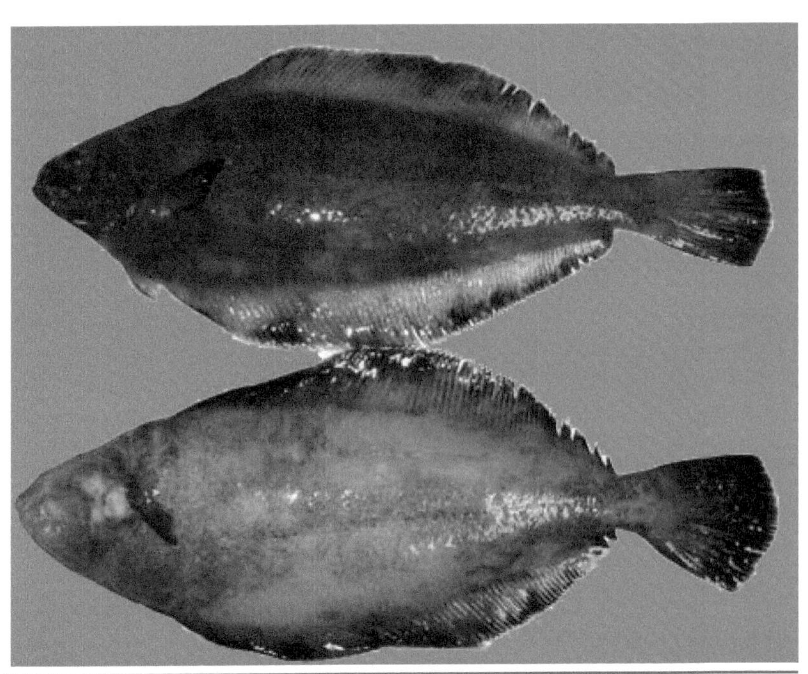

문치가자미

분 포

우리나라 전 연안, 일본 북해도, 발해, 동중국해

서식지

서해안에서는 여름철에 북위37° 이남 해역에서는 거의 보이지 않다가 수온이 내려가는 가을이 되면 남쪽으로 이동하기 시작하여 10월경에 37° 선 부근에, 12월경에는 더욱 남쪽으로 내려가 겨울을 보내고 봄이 되면 북쪽으로 이동한다.

형 태

몸은 타원형이고 꼬리자루 길이가 길다. 눈은 몸의 오른쪽에 있고 두 눈 사이는 돌출하며 작은 빗비늘로 덮여있다. 비늘은 눈이 있는 쪽은 빗비늘, 눈이 없는 쪽은 둥근비늘이거나 약한 빗비늘이다. 옆줄은 가슴지느러미 위 부분에서 반원 모양으로 구부러져 있으며 그 앞쪽으로 부속지가 없다. 입은 작고 아래턱이 위턱보다 돌출하며 눈이 있는 쪽의 위턱의 뒤끝은 아래 눈의 앞쪽 가장자리에 도달한다. 이빨은 눈이 있는 쪽의 경우 위턱에는 전혀 없으며 아래턱에는 없거나 있어도 2개 정도이며 눈이 없는 쪽은 위턱에 8~15(11)개, 아래턱에 9~17(13)개의 앞니모양의 이빨이 1줄로 밀접하게 연결되어 있다.

용가자미

분 포

우리나라 전 연안, 일본 연안, 발해, 동중국해

서식지

서해안의 경우 가을이 되면 발해, 서해북부에서 남하하기 시작하여 10월경 백령도 근해와 산동반도 근해를 걸쳐 겨울철에 황해중부 해역(북위 35°)에서 3월까지 월동하고, 그 후 다시 북쪽으로 이동한다.

형 태

몸은 긴 타원형이며 눈은 오른쪽에 위치한다. 윗쪽의 눈은 등 외곽의 정중선 위에 위치하며 위쪽을 향해 있다. 입은 크고 거의 좌우대칭이며 아래턱이 위턱보다 돌출한다. 위턱의 뒤끝은 아래쪽 눈동자의 중앙아래까지도달한다. 양 턱에 작지만 뾰족한 이빨이 각각 1줄씩 있다. 등지느러미의 기부는 윗눈의 후반부에서 시작한다. 가슴지느러미의 중간에 있는 연조는 끝부분이 갈라져 있다. 옆줄은 가슴지느러미 위쪽에서 구부러지지 않고 거의 직선형이다. 비늘은 작고 눈이 있는 쪽은 빗비늘 또는 둥근비늘이며, 눈이 없는 쪽은 빗비늘이다.

금눈돔

분 포

우리나라 남해, 일본 남부해, 태평양, 인도양, 대서양, 지중해

서식지

대륙붕 가장자리를 따라 수심 200m 전후 또는 그 이상 깊은 곳의 암초 지대에 주로 서식한다.

형 태

몸은 타원형으로 측편되어 있으며 체고는 높다. 눈은 아주 크고 입은 비스듬하며 아래턱이 윗턱보다 약간 길다. 눈 앞쪽의 가시는 크고 단단하며 그 길이는 눈지름의 약 1/3. 몸의 비늘은 단단한 빗비늘로 거칠며 약간 크다. 뒷지느러미 기저 길이가 등지느러미 기저길이보다 길다. 꼬리는 두 갈래로 깊게 갈라져 있다.

도화돔

분 포

우리나라 남해, 일본 남부해, 동중국해, 대만

서식지

제주도 남동해역에서 대만 북부 해역에 걸쳐 있는 대륙붕 가장자리인 수심 90~200m 전후(대부분 100m 이내)인 해역에 서식한다.

형 태

옆줄 위쪽과 등지느러미 기저사이의 비늘수는 3개다. 비늘은 크고 단단하며 표면에는 여러 줄의 평행한 융기선이 있고 그 뒤쪽에는 조잡한 톱니 모양의 가시가 있다. 아래턱은 위턱보다 돌출하고 눈이 크다. 등지느러미는 3~4번째 가시가 뒷지느러미는 3번째 가시가 가장 길다. 등지느러미의 마지막 가시는 바로 앞의 가시보다 길다. 몸은 타원형으로 측편하고 체고가 매우 높다. 아가미뚜껑 위 부분에는 뒤쪽으로 향한 단단하고 큰 1개의 가시가 있다.

철갑둥어

분 포

우리나라 남부해, 일본 남부해, 동중국해, 인도양, 호주연해

서식지

제주도 남동해역에서 대만 북부 해역에 걸쳐 바닥이 조개껍질이나 펄이 섞인 모래질인 수심 70m이상의 대륙붕 가장자리에 서식한다.

형 태

몸은 짧은 타원형으로 측편되어 있으며 체고가 높다. 머리와 입은 크고, 윗턱은 눈 뒷부분까지 도달한다. 비늘은 크고 단단하며 솔방울 모양과 같이 밀접하게 붙어 있다. 각 비늘의 중앙에는 융기선과 뒤쪽으로 향한 1개의 가시가 있다. 제 1등지느러미의 가시는 단단하며 지느러미 막이 없이 서로 분리되어 있다. 배지느러미에는 크고 단단한 가시가 1쌍 있지만 연조는 매우 작고 흔적적이다. 아래턱의 앞끝 바로 뒤쪽에는 1쌍의 난원형(흑색)의 발광기가 있으며 여기에 발광 박테리아가 공생하여 청백색의 빛을 발광한다.

여덟동가리

분 포

우리나라 남해, 일본 중부이남, 동중국해, 대만

서식지

연안의 암초지역이나 산호초 해역에 서식하며 단독으로 서식한다.

형 태

몸은 삼각형으로 측편하며 머리 뒤 부분은 크게 솟아 올라와 있다. 입은 약간 아래쪽으로 향하며 입술은 두툼하다. 가슴지느러미 아래쪽의 6개 연조는 회백색을 띠며 두툼하고 길게 뻗어 있고 끝부분은 붉은색을 띤다. 양 턱의 이빨은 작고 폭 넓은 이빨 띠를 형성하며 그 끝 부분은 뾰족하다. 등지느러미의 가시 중에서 4번째 가시가 가장 길다.

애꼬치

분 포

우리나라 동 · 남해, 일본 남부해, 황해, 동중국해, 대만, 남중국해

서식지

제주도 남방해역에서 대만 북부해역에 이르는 수심 60m보다 깊은 해역이다.

형 태

몸은 원통형으로 길고 주둥이는 긴 편이다. 아래턱이 위턱보다 돌출하며, 위턱의 이빨은 앞쪽에 1~2개, 송곳니를 제외하고는 모두 융털모양의 이빨 띠를 형성하고, 아래턱 이빨은 모두 송곳니로서 1줄로 나란히 배열되어 있다. 배지느러미는 제1등지느러미보다 약간 뒤쪽에서 시작하며 뒷지느러미도 제2등지느러미보다 약간 뒤쪽에서 시작한다. 비늘은 둥근비늘로서 작고 떨어지기 쉽다.

꼬치고기

분 포

우리나라 중남부해, 일본 남부해, 동중국해, 인도양

서식지

제주도 동방해역에서 대만 북부해역에 걸친 대륙붕 위에 많이 서식하며, 분포역의 수심은 수십미터 이내 되는 곳이며, 깊어도 140m 이내다.

형 태

몸은 원통형으로 약간 길며 주둥이는 매우 길고 눈은 크다. 입은 크고 위턱보다 아래턱이 돌출하며 양 턱에는 날카로운 이빨이 있다. 배지느러미는 제1등지느러미보다 약간 앞쪽에서 시작한다.

만새기

분 포

우리나라 연해, 일본 중부이남, 전 세계의 온대 및 열대 해역

서식지

수온 18℃ 이상 되는 염분이 높고 투명도가 좋은 해역의 연안으로 수면에서 0.5~10m 되는 표층에서 무리를 지어 서식한다.

형 태

몸은 가늘고 긴 편으로 매우 측편하고 이마 부분이 융기되어 있으며 특히 나이든 수컷의 경우 더욱 심하다. 등지느러미는 1개로 눈의 바로 위쪽에서 시작하고 그 길이는 뒷지느러미의 2배 정도이다. 위턱의 뒤끝은 눈의 중앙 아래까지 도달하며 양 턱의 이빨은 작은 송곳니로 앞부분은 이빨 띠를 형성하고 옆으로 1줄 나란히 배열되어 있다. 콧구멍 아래에서 눈쪽으로 작은 홈이 패여 있다. 비늘은 둥근비늘로 매우 탈락하기 쉽다. 옆줄은 가슴지느러미 위쪽에서 구부러져 있으며 그 이후 직선으로 몸 중앙을 통과하여 꼬리에 도달한다.

네동가리

분 포

우리나라 남해, 일본 중부이남, 동중국해, 서태평양, 인도양

서식지

수심 90~210m 전후되는 바닥이 조개껍질이 섞인 모래질이나 암초지대인 대륙붕 가장자리에 주로 서식한다.

형 태

몸은 긴 타원형으로 약간 측편하며 두 눈 사이는 거의 편평하지만 머리 위부분은 약간 볼록하다. 위턱의 뒤끝은 눈의 앞 끝 아래까지 도달하고 양 턱에는 융털모양의 이빨 띠가 있으며 바깥쪽 이빨이 크다. 배지느러미는 등지느러미와 가슴지느러미보다 약간 뒤쪽에서 시작한다. 비늘은 큰 빗비늘이며 두 눈 사이와 아가미 뚜껑 뒷부분에는 비늘이 없다.

실꼬리돔

분 포

우리나라 남해, 일본 중부이남, 동중국해, 대만

서식지

수심 40~100m 되는 바닥이 펄질인 곳에 주로 서식하며, 거의 이동하지 않는다.

형 태

몸은 긴 계란형으로 측편하며 두 눈 사이는 약간 볼록하다. 등지느러미는 가시부와 연조부의 경계가 패임이 없이 연속되어 있다. 꼬리지느러미는 깊게 패여 있으며 가장 위쪽의 연조는 길게 연장되어 있으며 황색을 띤다. 아가미구멍 바로 위 부분에 있는 3개의 옆줄 비늘에는 각각 짙은 적색 반점이 줄지어 있다.

망상어

분 포

우리나라 전 연안, 일본 북해도 중부이남, 중국 연해주

서식지

바닥이 모래나 펄질이고, 바다풀이 무성한 암초지대인 수심 30m 내외의 얕은 바다에 무리를 지어 서식한다.

형 태

몸은 계란형으로 매우 측편하며 머리의 등쪽은 약간 오목하다. 눈에서 위턱 뒷부분에 걸쳐 흑갈색의 비스듬한 선이 2개 있다. 입은 작고 양턱 길이는 같으며 양 턱에는 작은 원뿔니가 1줄로 줄지어 있다. 등지느러미 연조수가 가시수보다 많으며 길이도 길다. 등지느러미의 몸 빛깔은 서식장소에 따라서 다르나 보통 등쪽은 짙은 청색 또는 적갈색이고 배쪽은 은백색으로 적갈색인 경우 등지느러미 가시부분 끝 가장자리에 흑갈색의 선이 있고 몸 옆구리에 적갈색의 세로띠가 많이 있다. 수컷은 뒷지느러미 제15~19연조가 실 모양으로 길게 뻗어 있으며 뒤쪽으로 갈수록 짧아진다.

동갈양태

분 포

우리나라 동 · 남부해와 일본, 남중국해

서식지

내만의 수심 10m 전후의 펄이나 모랫바닥에 서식한다. 여름에는 간조선에서 수심 수미터의 범위에 많이 서식하고, 가을철 수온이 내려갈 때는 수심이 다소 깊은 곳으로 이동한다.

형 태

제1등지느러미 가시는 암수 모두 길지 않다. 머리는 상하로 납작하고 뒤로 갈수록 좌우로 납작해진다. 아가미뚜껑에 있는 가시는 길고 강하며 중간부분이 위로 굽어져 있으며 안쪽에 2~4의 돌기가 있다. 체장 95mm 전후에서 2차 성징이 뚜렷해지는데 수컷의 제1등지느러미와 뒷지느러미의 가장자리는 검은 색을 띠지만 암컷은 제1등지느러미 3~4번째 가시의 막에 흑색 반문이 있으나 뒷지느러미와 측선 아래쪽의 옆구리에는 특별한 반문이 없다.

도화양태

분 포

우리나라 남해, 일본 남부해, 동중국해, 남중국해

서식지

제주도 남쪽 수심 200m 전후되는 대륙붕 가장자리로 바닥은 조개껍질이 섞인 모래질에 주로 서식한다.

형 태

몸은 긴 편이며 머리부분은 납작하나 꼬리부분은 약간 측편한다. 주둥이는 뾰족하고 입은 작으며 신출이 가능하다. 아가미뚜껑 아래부분의 뒤쪽에는 큰 가시가 있으며 그 끝은 2갈래로 갈라져 있다. 제1등지느러미의 첫 번째 가시는 길게 뻗어 있으며 수컷의 경우 꼬리지느러미의 연조는 위쪽 3개 연조와 맨 아래쪽 연조를 제외하고 길게 뻗어 있다.

꽁지양태

분 포

우리나라 남해, 일본 남부해, 동중국해, 서태평양

서식지

수심 20~200m 되는 바닥이 조개껍질이 섞인 모래질인 곳에 주로 서식한다.

형 태

입은 작고 아래쪽에 있으며 아가미는 작고 등쪽에 위치한다. 아가미뚜껑 아래쪽에는 뒤로 향한 1개의 가시가 있으며 그 안쪽은 톱니모양이다. 제1등지느러미의 1~2번째 가시는 수컷의 경우 길게 뻗어 있으며 꼬리지느러미도 중앙의 4개 연조가 뒤쪽으로 매우 길게 뻗어 있다.

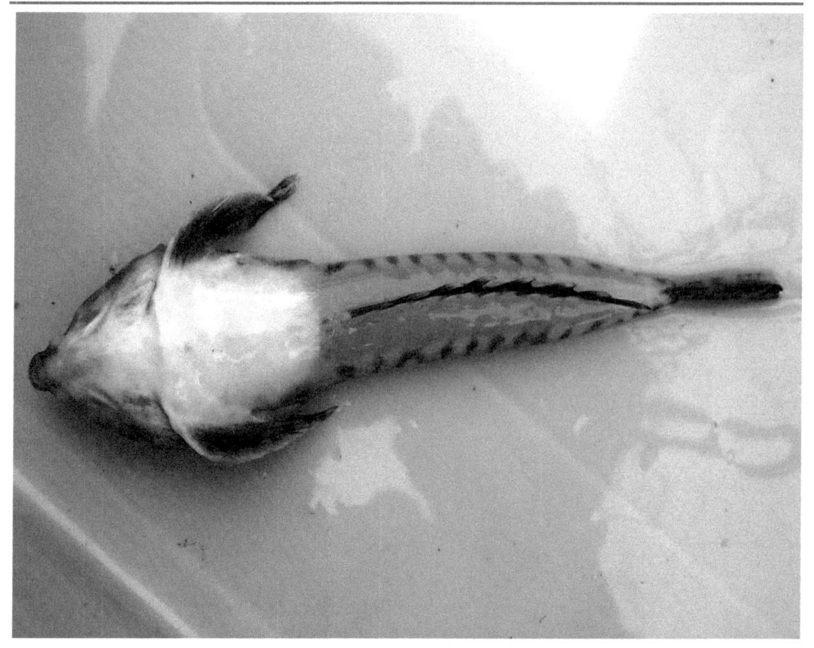

빨판상어

분 포

우리나라 전 연안, 일본 연근해, 전세계 온대, 열대 해역

서식지

표층성 어류로서 대부분 큰 상어, 새치, 거북이, 가오리 등에 머리의 흡반을 부착시켜 이동하지만 자유 유영도 한다.

형 태

몸은 가늘고 길며 머리부분은 납작하고 꼬리자루는 가늘다. 머리 위부분에는 등지느러미가 변형된 계란모양인 흡반이 있다. 아래턱은 위턱보다 돌출되고 이빨은 융털모양으로 이빨 띠를 형성한다. 등지느러미와 뒷지느러미는 기저 길이가 길고 서로 마주보며 꼬리지느러미 뒤끝은 거의 수직형이다.

문절망둑

분 포

우리나라 전 연안, 일본, 중국

서식지

내만성 어류로서 바닷물과 민물이 합쳐지는 하천 입구나 얕은 바다의 수심 2~15m 되는 바닥이 펄질인 곳에 주로 서식한다.

형 태

몸은 가늘고 긴 편이며 앞부분은 원통형에 가깝고 뒷부분은 측편한다. 눈은 작고 위쪽에 있으며 양 턱의 길이는 같다. 입은 크고 양 턱에 좁은 이빨 띠가 있으며 가장 바깥 줄의 이빨들이 크다. 뺨과 아가미 뚜껑에는 둥근비늘 그 외는 빗비늘로 덮여있다. 좌우의 배지느러미는 서로 붙어서 흡반을 형성한다. 꼬리지느러미는 그 뒷끝이 둥글고 반점이 있다.

풀망둑

분 포

우리나라 전 연안, 일본, 중국

서식지

연안 얕은 바다의 펄속에 Y자모양의 구멍을 만들어 그 속에서 서식한다.

형 태

몸은 문절망둑에 비해 가늘고 긴 편이며 약간 측편한다. 주둥이는 약간 돌출하고 눈은 비교적 작다. 꼬리지느러미에는 반점이 없으며 그 뒤끝이 뾰족하다. 아래턱이 합쳐지는 바로 뒤의 양쪽에 짧은 수염 같은 돌기가 1개씩 있다. 좌우 배지느러미는 합쳐져 흡반을 형성한다.

도화망둑

분 포

우리나라 전 연안, 일본 북해도 이남, 중국연안

서식지

망둑어류 중 다소 깊은데 서식하는 종으로 수심이 5~50m 되고, 바닥이 모래나 펄질인 곳에 서식한다.

형 태

몸은 긴 편으로 측편하며 두 눈 사이는 좁다. 양 턱은 거의 같은 길이이며 아래턱에는 3쌍의 수염이 있다. 양 턱에는 몇 줄의 이빨이 있으며, 바깥쪽 이빨이 안쪽보다 크다. 좌, 우의 배지느러미는 합쳐져 흡반을 형성한다. 비늘은 얇은 둥근비늘로 몸체와 뺨 및 아가미뚜껑은 비늘로 덮여 있으나 옆줄은 없다. 꼬리지느러미에는 흑색 세로띠가 없으며 뒷부분은 뾰족하다.

빨갱이

분 포

우리나라 서남 연해와 하구, 일본 남부, 중국, 인도～서부 태평양

서식지

연안 저서성 어종으로 바닥이 진흙이나 또는 진흙과 모래와 함께 섞인 곳에 많이 서식하며, 서식 수심은 약 60m 이내이다. 후기 자어는 연안수역에서 중층에서 서식하다가 전장 20mm전후에 달하면 저서생활로 들어간다.

형 태

몸은 소형으로 측편하고 가늘고 길다. 머리의 등쪽 한 가운데에 골질 융기선이 있다. 입은 약간 경사지고 아래턱이 위턱보다 돌출한다. 양 턱에는 작지만 날카로운 이빨이 2열이 줄지어 있으며, 바깥쪽 이빨은 크다. 아가미뚜껑의 상단에 하나의 구멍이 있고 아래쪽은 넓고 협부에 부착해 있다. 등지느러미는 1개이고 뒷지느러미와 함께 꼬리지느러미에 연속해 있다. 가슴지느러미는 작고 위쪽 끝 부분은 뾰족하다. 눈은 퇴화되어 현저히 작고, 피부 아래에 묻혀있다.

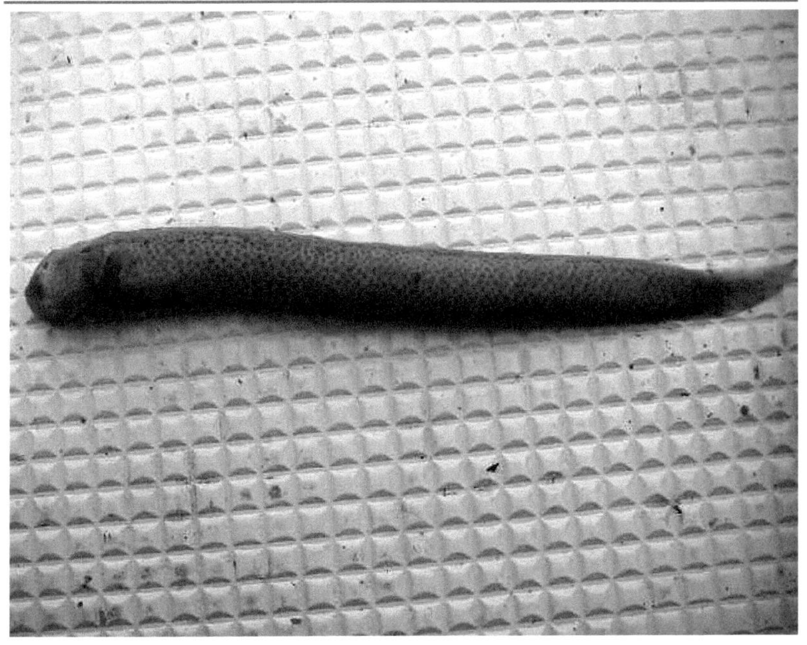

노랑벤자리

분 포

우리나라 남해, 일본 남부해, 동중국해

서식지

약간 깊은 곳에 사는 어종으로 바닥이 조개껍질이 많이 섞힌 모래질인 대륙붕상의 수심 200m 등심선상에 서식한다.

형 태

몸은 긴 타원형으로 측편하며 머리부분은 작은 편이다. 주둥이는 짧고 둥글며 아래턱이 위턱보다 약간 돌출한다. 양 턱에 1줄의 송곳니가 나란히 배열되어 있으며 특히 위턱 앞부분에 2쌍 아래턱에 1쌍의 송곳니가 있다. 아가미뚜껑 윗부분에 2개의 편평한 가시가 있다. 비늘은 빗비늘이며 머리부분과 입술 목덜미부분을 제외하고는 비늘로 덮여있다. 옆줄은 몸 중앙부분보다 훨씬 위쪽에 위치하며 등쪽 가장자리와 거의 평행으로 달려 꼬리자루의 위쪽 부분에 도달한다. 꼬리지느러미 뒤끝 가장자리는 오목하고 아래, 위 끝 부분의 1~2개 연조는 길게 연장되어 있다. 등지느러미의 가시는 뒤쪽으로 갈수록 길어지며 가시부와 연조부의 경계가 없다. 가슴지느러미 길이와 배지느러미 길이는 거의 비슷하다. 꼬리지느러미의 갈라진 연조 수는 15개이다.

덕대

분 포

우리나라 남 · 서해, 황해, 발해, 동중국해

서식지

제주도 서~남부 해역에서 겨울철에 월동하고, 봄이되면 북쪽으로 이동하여 우리나라 서해, 남해에서 산란 또는 서식하다가 가을이 되면 다시 남쪽으로 이동하여 월동한다.

형 태

몸은 긴 계란형으로 매우 측편한다. 후두부에 있는 물결모양의 줄무늬 구역은 좁고 짧아서 가슴지느러미 기부를 지나는 수직선상에 달하지 않는다. 주둥이는 짧고 둔하며 체고는 높다. 배지느러미가 없다. 입은 작고, 양 턱에 매우 작은 이빨들이 있다. 비늘은 작은 둥근비늘로서 몸을 비롯하여 등 · 뒷 · 꼬리지느러미에도 덮여 있으나 탈락하기 쉽다. 등지느러미와 뒷지느러미는 크기와 모양이 비슷하고 바깥 변두리는 약간 낫모양이며 어릴 때는 꼬리지느러미 양 끝 부분과 함께 끝 부분이 실모양으로 길게 뻗어 있으나 성장하게 되면 짧아진다.

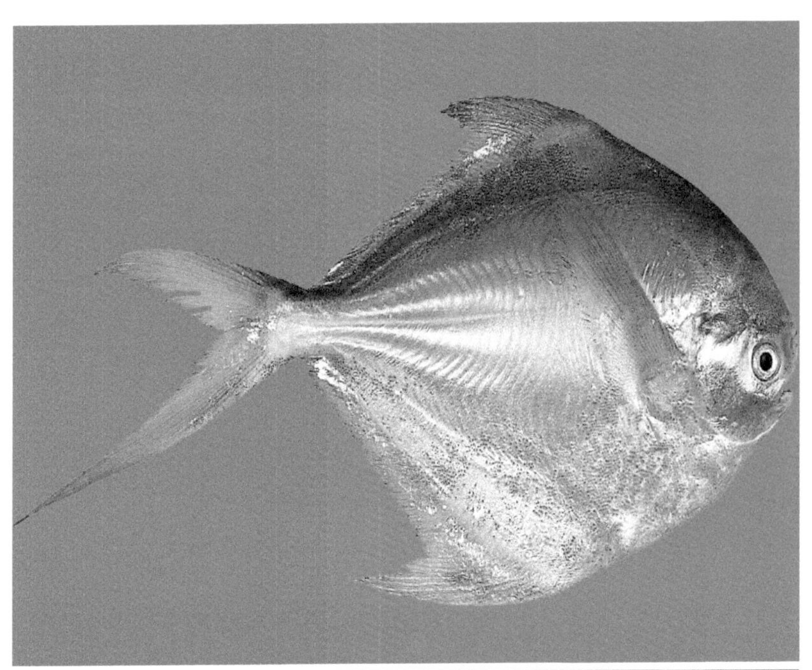

병어

분 포

우리나라 남 · 서해, 일본 중부이남, 동중국해, 인도양

서식지

동중국해에서는 겨울~봄에 걸쳐 대만 북부해역에서 중국대륙 연안쪽으로 북상하여 5~6월경 연안에서 산란하고, 그 후 흩어져 동중국해 북부해역 등에서 서식하다가 가을이 되면 남쪽으로 이동하는 것으로 추정된다.

형 태

몸은 긴 계란형으로 매우 측편한다. 후두부에 물결모양의 줄무늬가 있으나 그것은 옆줄을 따라 가슴지느러미 기부보다 더 뒤쪽까지 달하고, 그 모습은 낫모양이다. 주둥이는 짧고 둔하고 체고는 높다. 배지느러미는 없다. 입은 작고 양 턱에 매우 작은 이빨들이 있다. 비늘은 작은 둥근비늘로서 매우 떨어지기 쉽다. 등지느러미와 뒷지느러미는 크기와 모양이 거의 같으며 바깥 변두리는 낫모양이고 길다.

붉바리

분 포

우리나라 남해, 일본 중부이남, 중국, 대만

서식지

따뜻한 물을 좋아하는 온수성어류로 연안의 암초지대에 주로 서식한다.

형 태

몸은 긴 타원형으로 측편하며 두 눈 사이는 약간 융기되어 있다. 양 턱의 앞쪽에는 1쌍의 송곳니가 있다. 아가미뚜껑 뒤쪽에는 3개의 가시가 있다. 꼬리지느러미 뒤끝 가장자리는 둥글다. 몸 전체에 작은 빗비늘이 덮여있다.

다금바리

분 포

우리나라 남해, 일본 남부해, 대만, 필리핀

서식지

제주도 남방 해역에서 남쪽으로 연결된 대륙붕 가장자리에 많이 서식하며, 약간 깊은 곳에 사는 어종으로 패각이나 모래가 섞힌 암초지대인 수심 100~140m에 주로 분포하고 거의 이동하지 않는다.

형 태

몸은 약간 긴 편으로 측편되며 머리는 크고 주둥이는 길며 앞끝은 뾰족하다. 입은 크고 아래턱은 위턱보다 돌출한다. 눈의 앞쪽에 돌기가 있으며, 두 눈 사이는 편평하다. 아가미뚜껑 아래 부분에는 뒤쪽으로 향한 크고 단단한 1개의 가시가 있다. 비늘은 빗비늘로서 매우 작으며 꼬리지느러미 뒤끝 가장자리는 오목하다.

능성어

분 포

우리나라 남해안 및 제주도, 일본 중부이남, 동중국해, 인도양. 대서양, 서태평양

서식지

약간 깊은 곳을 좋아하는 저서성 어류로서 수심 70~120m 되는 깊이에 주로 머물며 한번 정착하면 좀처럼 잘 떠나지 않는 습성이 있다.

형 태

몸은 긴 타원형으로 측편한다. 눈앞에 2개의 콧구멍이 있으며 그중 뒤쪽의 것이 앞쪽보다 훨씬 크다. 입은 크고 아래턱이 윗턱보다 돌출하며 윗턱의 뒤끝은 눈의 뒤 가장자리 아래까지 도달한다. 꼬리지느러미의 뒤끝 가장자리는 둥글다.

도도바리

분 포

우리나라 남해, 일본 남부해, 대만, 남중국해

서식지

따뜻한 물을 좋아하는 난해성 어류로 수심 10~50m의 대륙붕 지역의 암반이나 바닥이 모래나 펄질인 곳에 서식하며, 어린 새끼는 조수 웅덩이에서도 볼 수 있다. 성어의 경우 한정된 공간에서는 매우 공격적이다.

형 태

몸은 긴 타원형으로 측편하고 두 눈 사이는 융기해 있다. 입은 크고 아래턱이 위턱보다 약간 길며 양 입술은 두툼한 편이다. 아가미뚜껑 뒤끝에 3개의 가시가 있다. 양 턱의 앞 끝에 2쌍의 송곳니가 있다. 꼬리지느러미 뒤끝 가장자리는 둥글다.

붉벤자리

분 포

우리나라 남해, 일본 남부해, 동중국해, 대만, 하와이, 호주

서식지

제주도 동남방해역에서 대만 북부해역에 걸쳐 바닥이 조개껍질이 섞인 모래질이나 암초지대인 대륙붕 가장자리에 주로 서식한다.

형 태

몸은 다소 긴 타원형이며 꼬리지느러미 뒤 가장자리는 유어의 경우 오목하지만 수컷 성어의 경우는 직선이거나 약간 볼록하다. 입은 크고 위턱의 뒤끝은 눈의 중앙 아래까지 도달한다. 양 턱에는 융털모양의 이빨이 있으며 양 턱의 앞쪽에는 1~2쌍, 아래턱 옆쪽으로 수 개의 송곳니가 있다. 가슴지느러미는 길어 그 뒤끝이 뒷지느러미가 시작되는 부몸 빛깔은 수컷은 선명한 복숭아색으로 배부분은 연한 황색을 띠고 머리에는 눈을 중심으로 여러 줄의 황색 띠가 있으며 등지느러미 가시부의 뒷부분에는 흑색 반점이 있다. 암컷은 황적색을 띠고 등부분에 3~4개의 불분명한 암갈색 반점이 있다. 어릴 때는 꼬리지느러미 뒤끝이 뒷지느러미가 시작되는 부분보다 더 뒤쪽에 도달한다. 비늘은 빗비늘로 몸 전체를 덮고 있다.

우각바리

분 포

우리나라 동·남해, 일본 남부해

서식지

온대성 어종으로 대륙붕 가장자리에 면한 해역에 많이 서식하며, 주로 바닥이 조개가 섞인 모래나 암초지대로서 수심 100~300m인 곳이다.

형 태

몸은 타원형으로 측편한다. 입은 크고 위턱의 뒤끝은 눈의 중앙보다 더 뒤쪽에 도달한다. 양 턱에 있는 이빨은 융털모양으로 이빨 띠를 형성하고 양 턱의 봉합부에 각각 1쌍의 송곳니가 있으며, 또 아래턱의 옆쪽에 1~2쌍의 송곳니가 있다. 등지느러미 가시는 4번째가 가장 길고 연조는 2번째, 3번째가 실처럼 길게 뻗어 있다. 뒷지느러미는 2번째가 가장 길고 단단하며 꼬리지느러미는 뒤끝 가장자리가 약간 오목하고 맨 윗쪽의 연조는 길게 뻗어 있다. 가슴지느러미는 길어 뒷지느러미 시작 부분까지 도달하며 첫번째 연조는 갈라지지 않는다. 비늘은 빗비늘로서 위턱의 뒷부분과 두 눈 사이에도 덮여있다. 옆줄은 등쪽 가장자리와 거의 평행으로 달려 꼬리지느러미 기저에 도달한다.

점농어

분 포

우리나라의 각 연안, 특히 여수를 기점으로 대부분이 서해안에 주로 분포하며, 남해안과 동해안은 드물다.

서식지

농어에 비해 담수에 더 잘 적응하며 성숙과 산란이 해수와 담수 모두에서 가능하다.

형 태

몸은 길고 측편되며 입은 크고 뾰족하다. 아래턱이 위턱보다 돌출하며 위턱은 성장함에 따라 눈의 뒤 가장자리에 달하거나 또는 뒤 가장자리를 넘어 길게 뻗어 있다. 양 눈 사이는 약간 오목하고 눈 크기와 같거나 약간 더 넓다. 아래턱의 배쪽에 2열의 비늘이 있다. 눈은 농어에 비해 작으며 반면에 안하골 폭이 농어에 비해 넓다(눈과 안하골 폭과의 관계). 등지느러미에는 큰 검은 색 반점이 흩어져 있으며 등지느러미 기부와 측선 사이에도 크고 선명한 검은 반점이 불규칙적으로 흩어져 있으며 성어가 되어도 대부분은 그대로 유지된다. 아가미뚜껑 뒤쪽에 톱니모양의 작은 가시가 발달해 있고 아래쪽에는 앞쪽으로 향한 강한 가시 3개가 발달해 있다. 척추골 수는 대부분의 경우 16+19=35개이다.

농어

분 포

우리나라 전 연안, 일본 연안, 중국 연안, 동중국해, 대만

서식지

어린 새끼는 봄에 연안이나 내만에 들어오며, 여름에는 내만의 기수 또는 담수역까지 침입하여 소상하였다가 가을이 되면 바다의 깊은 곳으로 이동한다.

형 태

몸은 긴 타원형으로 가늘고 긴 편이며 측편한다. 입은 크고 위턱은 아래턱보다 짧으며 위턱의 뒤끝은 눈의 뒤 가장자리를 넘지 않는다. 양 턱에는 융털모양의 이빨이 있다. 점농어에 비해 눈은 크고 안하골 폭은 좁은 편이다. 등지느러미는 1개이지만 가시부와 연조부가 깊게 패여 있고 가시부의 기저 길이가 연조부보다 길다. 비늘은 빗비늘로서 작으며 아래턱의 배쪽에 2열의 비늘이 있다. 척추골 수는 대부분의 경우 16+20=36개이다.

선홍치

분 포

우리나라 동 · 남해, 일본 남부해, 남아프리카

서식지

난해성 어종으로 수심 100~350m 되는 암초지대에 주로 서식한다.

형 태

몸은 방추형으로 약간 가늘고 길며 측편한다. 아래턱이 위턱보다 돌출하며, 양 턱에는 가느다란 이빨이 있다. 눈이 크고 아가미구멍 뒤쪽에는 2개의 육질돌기가 있다. 꼬리자루는 가늘고 그 양쪽에는 옆줄을 따라서 융기선이 뚜렷하게 세로로 늘어져 있다. 등지느러미의 가시부와 연조부는 겨우 연결되어 있으며 그 사이는 깊이 패여 있다. 등지느러미 가시는 가늘고 약하며 3번째 가시가 가장 길고 맨 마지막 가시는 바로 앞 가시보다 길다. 몸에는 극히 조잡한 빗비늘이 덮여 있으며 머리에는 입술을 제외하고 모두 비늘로 덮여있다.

갈치

분 포

우리나라 전 연근해(특히 서해와 남해), 일본, 동중국해, 세계의 온대 또는 아열대 해역

서식지

2~3월경 제주도 서쪽 해역에서 월동하다가 4월경 북쪽으로 이동하여 연안에서 산란하고, 일부는 더욱 북상하여 압록강 하구까지 이르며, 9월경 수온이 내려가면 남쪽으로 이동하여 제주도 서방 해역에서 월동, 낮에는 바닥이 모래나 펄질인 깊은 곳에 있다가 밤이 되면 수면 가까이 떠 올라온다.

형 태

두 눈 사이의 머리부분은 편평하다. 입은 크고 양 턱에는 크고 억센 이빨이 있으며 특히 양 턱 앞쪽에 있는 송곳니의 끝은 갈고리처럼 되어 있다. 몸은 아주 길고 측편하며 꼬리는 띠 모양으로 긴 줄 같다. 아래턱은 위턱보다 돌출하고 몸에 배지느러미와 꼬리지느러미 및 비늘이 없다. 등지느러미 기저는 매우 길며 뒷지느러미의 연조는 퇴화되어 매우 짧고 대부분 피부 아래에 묻혀 있어서 손으로 만지면 까칠까칠한 정도이다. 옆줄은 1줄로 가슴지느러미 위쪽에서 비스듬히 내려와 그 이후는 몸 중앙부보다 아래쪽에 치우쳐 꼬리에 도달한다.

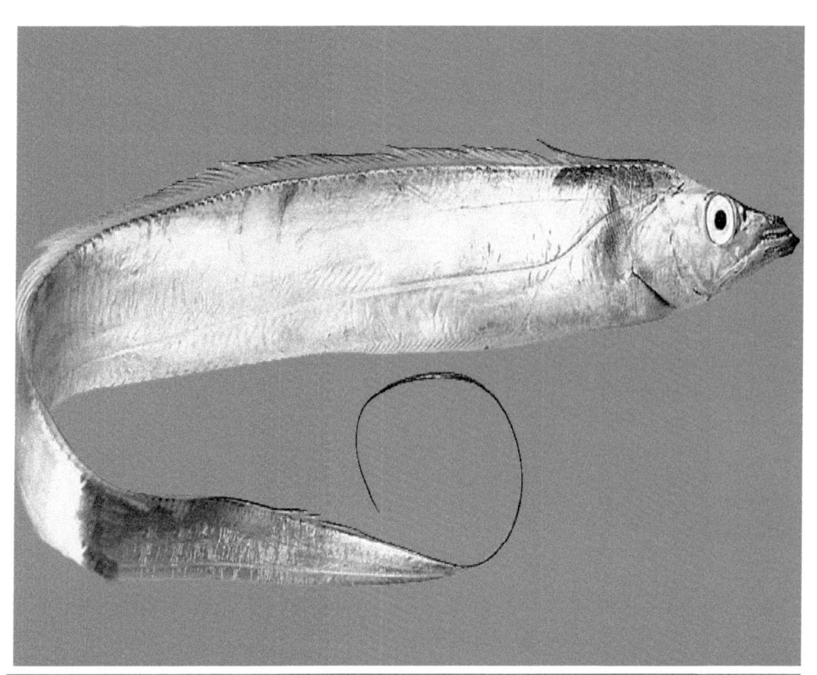

장갱이

분 포

우리나라 동해, 일본 북부해, 오호츠크해

서식지

냉수성 어종으로 찬물을 좋아하며 주로 바닥에서 서식한다.

형 태

몸은 가늘고 길며 머리는 다소 납작하나 꼬리부분은 측편한다. 눈은 매우 작으며 두 눈 사이는 움푹 들어가 있다. 입은 크고 아래턱이 위턱보다 길며 위턱의 뒤끝은 눈보다도 더 뒤쪽까지 도달한다. 위턱의 이빨은 작고, 아래턱의 이빨은 뒤로 갈수록 크다. 등지느러미는 아가미뚜껑보다 약간 뒤쪽에서 시작되며 모두 단단한 가시로 되어 있다. 배지느러미는 작고 목부분에 위치한다. 몸은 작은 둥근비늘로 덮여 있고 옆줄은 한 줄씩이나 옆줄구멍은 2줄이다.

열동가리돔

분 포

우리나라 전 연안, 일본 중부이남, 황해, 발해, 동중국해, 서태평양

서식지

내만에서 수심 100m 전후되는 바닥이 모래나 펄질인 곳에서 주로 서식한다.

형 태

몸은 긴 타원형으로 측편하며 머리와 눈이 크다. 입은 크고 아래턱이 위턱보다 약간 돌출하며 양 턱에는 융털모양의 이빨이 있다. 비늘은 제법 큰 빗비늘로 떨어지기 쉽다. 꼬리지느러미 가장자리는 수직형에 가깝지만 약간 둥근 편이다.

줄도화돔

분 포

우리나라 남해, 일본 중부이남, 대만, 동중국해, 필리핀

서식지

내만에서 수심 100m 전후되는 해역으로 바닥이 모래나 펄 또는 암초지대인 연안에서 무리를 지어 서식한다.

형 태

몸은 약간 긴 타원형이며 측편한다. 눈은 크고 아래턱이 위턱보다 약간 돌출하며 양 턱에는 융털모양의 이빨이 있다. 등지느러미 가시부의 끝 가장자리는 검으며 3번째 가시가 가장 길다. 꼬리지느러미 기저 중앙에는 흑색 반점이 있으며 뒤끝 가장자리는 오목하다. 비늘은 크고 약한 빗비늘이다.

동강연치

분 포

우리나라 남해, 일본 남부해, 동중국해, 서태평양, 남아프리카

서식지

제주도 남동해역에서 대만 북동해역에 이르는 대륙붕 가장자리로 수심 200m 이상 되는 바닥이 연한 모래질인 곳에 주로 서식한다.

형 태

몸은 긴 원형으로 약간 가늘고 길며 측편한다. 주둥이는 둥글고 둔하며 위턱의 뒤끝부분은 눈의 앞쪽 아래까지 도달한다. 제1등지느러미 가시는 가늘고 약하며 홈 속에 완전히 눕힐 수 있다. 꼬리지느러미는 위 부분과 아랫부분이 중앙에서 서로 겹쳐져 있으며 배지느러미의 뒤끝은 항문보다 더 뒤쪽에 도달한다. 양 턱의 이빨은 각각 1줄로 위턱에 약 35개, 아래턱에 약 25개가 나란히 배열되어 있다. 제2등지느러미, 뒷지느러미, 꼬리지느러미의 기저부분은 비늘로 덮여있다. 옆줄은 몸의 등쪽 외곽선과 거의 평형으로 달리다가 꼬리자루 앞쪽에서부터 몸 중앙을 달려 꼬리지느러미에 도달한다.

보라기름눈돔

분 포

우리나라 남해, 일본 남부해, 동중국해, 대만, 인도양

서식지

수심 90~115m 되는 대륙붕 위에 주로 서식한다.

형 태

몸은 계란형으로 측편하며 눈은 크다. 주둥이는 짧고 둥근 편이며 입도 작다. 양턱의 이빨은 작고 그 끝 부분이 3갈래로 되어 있다. 등지느러미의 가시부와 연조부는 연결되어 있지만 그 경계는 움푹 패여 있다. 비늘은 둥근 비늘로서 크지만 얇고 부드러워 탈락되기 쉽다. 제1등지느러미는 가슴지느러미보다 약간 뒤쪽에서 시작되며 가슴지느러미는 긴 편으로 뒤끝이 뒷지느러미 기부보다 더 뒤쪽에 위치한다. 등지느러미 연조부와 뒷지느러미는 같은 크기로 거의 대칭을 이룬다.

도루묵

분 포

우리나라 동해, 일본, 캄차카, 사할린, 알라스카

서식지

동해안의 수심 140~150m 되는 바닥이 모래나 진흙인 곳에 주로 서식한다.

형 태

몸은 약간 길며 매우 측편한다. 입은 크고 비스듬히 찢어져 있고, 양 턱에는 작으나 날카로운 2~3줄의 이빨이 있다. 아가미뚜껑 중앙의 가장자리에는 5개의 가시가 있다. 제1등지느러미는 높고 삼각형이며 제2등지느러미와 매우 떨어져 있다. 뒷지느러미 기저 길이는 매우 길며 꼬리지느러미의 뒤끝 가장자리는 수직형이다. 몸에는 비늘과 옆줄이 없다.

베도라치

분 포

우리나라 전 연안, 일본 전 연안, 사할린, 중국북부

서식지

바닷가의 물 웅덩이나 연안 조간대를 비롯한 암초와 해조류가 번성한 곳에 많이 서식하고 바위틈 사이에도 서식한다.

형 태

몸은 가늘고 길며 측편한다. 머리와 눈은 작은 편이다. 입은 작고 비스듬하며 위턱은 아래턱보다 짧고 그 뒤끝이 눈의 앞 언저리 밑에서 끝난다. 양 턱에는 짧고 둔한 이빨들이 이빨 띠를 형성한다. 등지느러미는 매우 길며 모두 짧고 단단한 가시로 되어 있다. 배지느러미는 짧은 1개의 가시와 흔적만 보이는 1개의 연조로 되어 있다. 주둥이를 제외하고 몸 전체에 미세한 둥근비늘이 덮여 있으며 옆줄은 없다.

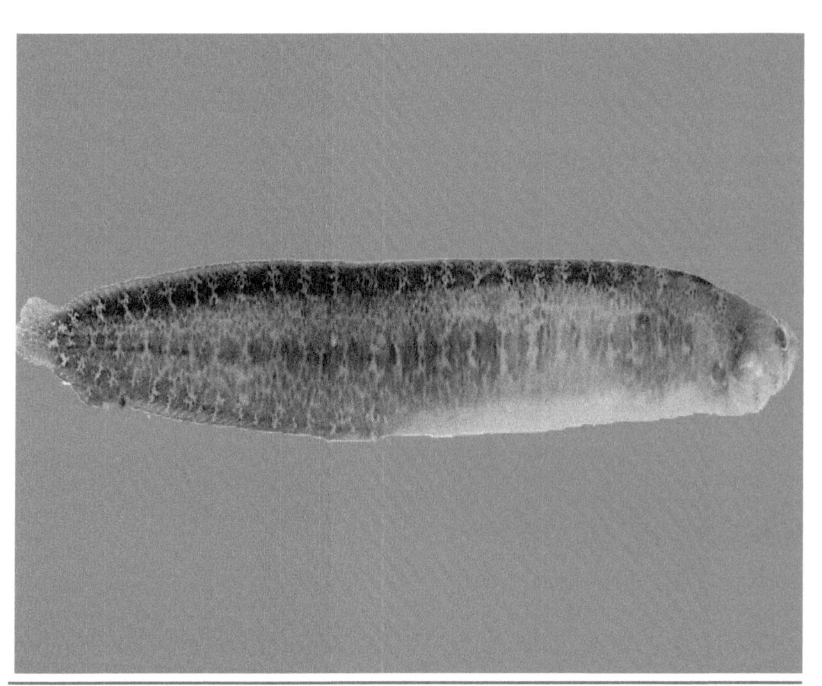

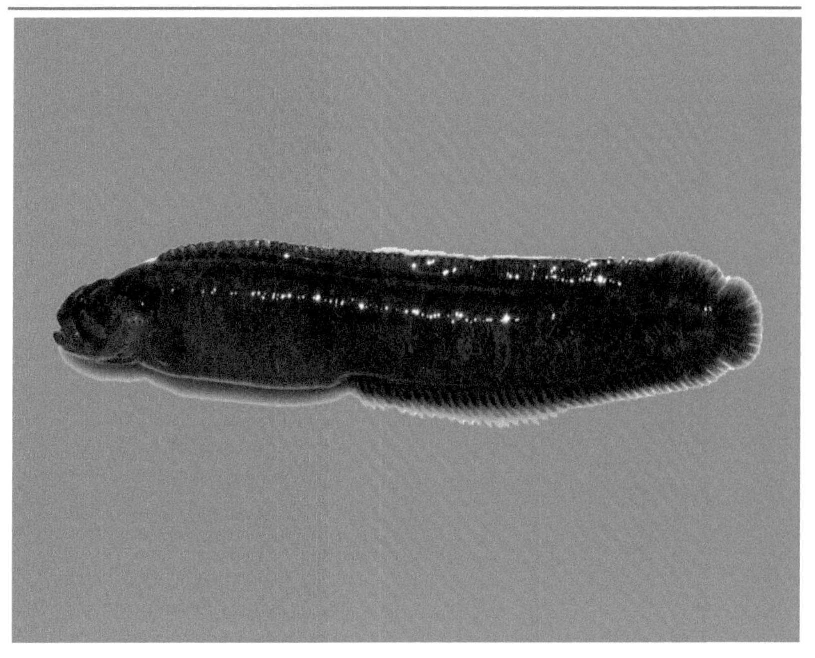

통치

분 포

우리나라 남해, 일본 남부해, 서태평양, 인도양

서식지

우리나라 제주도 동남방 해역에서 대만북부 해역에 이르는 대륙붕 가장자리를 따라 수심 200m 또는 그 이상의 깊은 곳에 주로 서식한다.

형 태

몸은 약간 긴 편이고 측편한다. 등지느러미 가시부 기저는 길어서 연조부의 기저 길이보다 약 2배이다. 등지느러미와 뒷지느러미 뒤에 각각 2개의 토막지느러미가 있다. 체장 약 25cm 이하에서는 1개의 가시인 배지느러미를 가지나 그 이상 성장하게 되면 전혀 보이지 않게 된다. 옆줄은 아가미구멍 위 끝에서 시작되어 등지느러미 4~5번째 가시 아래에서 갈라져 위쪽 선은 등을 따라 그대로 달려 제2등지느러미 뒤끝 아래 부분까지 도달하고 몸 빛깔은 청색을 띤 회갈색으로 은백색의 광택을 띠며 제1등지느러미 1~3번째 가시의 지느러미 막에 1개의 흑색 반점이 있다. 양 턱의 이빨은 송곳니 모양이며, 몸의 후반부는 약한 비늘로 덮여있다.

등가시치

분 포

우리나라 전 연안, 발해, 황해, 중국연안

서식지

연안성 어종으로 기수역에도 서식한다.

형 태

몸은 가늘고 긴 편이며 측편한다. 몸 빛깔은 연한 황색을 띤 검은 색으로 배부분은 옅은 편이며 옆구리에는 약 12개의 불분명한 암색 반점이 있고 등지느러미 앞부분의 지느러미 막에도 분명한 흑색 반점이 있다. 몸은 가늘고 긴 편이며 측편한다. 두 눈 사이는 편평하고 폭이 넓다. 위턱이 아래턱보다 돌출되어 있으며 양 턱 모두 앞부분에 2줄, 옆으로 1줄의 이빨이 있다. 등지느러미와 뒷지느러미는 꼬리지느러미와 연결되어 있다. 등지느러미 뒷부분에 움푹 들어간 부분이 있는데 이 부분은 가시로 되어 있다. 비늘은 둥근비늘로 작고 피부에 묻혀 있다.

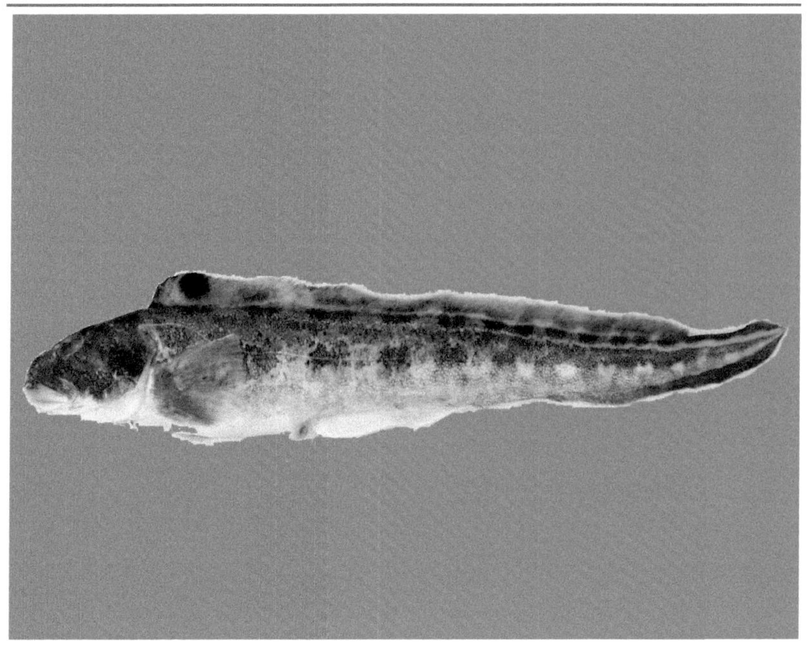

독돔

분 포

우리나라 남부해, 일본남부해, 동중국해

서식지

난해성으로 수심 30~50m인 바닥이 모래나 펄질인 곳에 주로 서식하며, 동중국해에서는 수심 200m 전후되는 대륙붕 가장자리에 서식한다.

형 태

몸은 타원형으로 체고가 높고 측편하며 머리의 등쪽은 거의 직선이지만 눈 바로 위쪽 부분은 약간 오목하다. 주둥이는 돌출하며 양 턱의 이빨은 두껍고 짧고 조밀한 이빨 띠를 형성하고 있으며 가장 바깥쪽 이빨이 크다. 등지느러미가 시작되는 부분은 몸 높이가 높으며 등지느러미는 3번째 가시가 가장 길고 단단하다. 등지느러미 가시부와 연조부 사이, 가시부의 각 지느러미 막 사이에는 각이 져서 연결되어 있다. 뒷지느러미는 2번째 가시가 가장 길고 꼬리지느러미 뒤끝은 약간 오목하다. 배지느러미는 검은색으로 굵고 단단한 가시가 1개 있다.

흑조기

분 포

우리나라 남해, 일본 남부해, 황해, 동중국해

서식지

남방계 어류로서 대형어의 경우 봄에 산란하러 중국 연안으로 이동하고, 가을에 대륙붕의 수심 100~120m 되는 깊은 곳에서 월동하며, 소형어의 경우 대륙붕 위의 수심 40~60m 얕은 곳에서 남북으로 이동한다.

형 태

몸은 약간 길고 측편하며 눈은 큰 편이다. 주둥이는 둥글고 둔하며 그 길이는 눈지름과 비슷하다. 눈 위부분에서 등지느러미 기부까지의 머리 윤곽은 직선이다. 입안과 배지느러미 막은 검은 색이다. 양 턱은 길이가 같거나 아래턱이 약간 길며 아래턱의 아래면 봉합부에는 6개의 작은 점액구멍이 있다. 아래턱에는 2줄의 이빨이 있으며 안쪽 이빨들이 바깥쪽보다 크다. 뒷지느러미의 2번째 가시는 약하며 눈지름보다 짧다. 등지느러미의 가시부와 연조부 경계는 깊게 패여 있으며 꼬리지느러미 뒤끝 부분은 중앙부가 돌출 되어 있다.

부세

분 포

우리나라 서 · 남해, 동중국해, 남중국해

서식지

우리나라에 회유해 오는 무리는 겨울철에 제주도 남부 해역에서 월동하고 있다가 3월 말경 차츰 북상하기 시작하여 5~6월에 경기도 연안까지 회유에 오며, 10월 이후 수온의 하강과 함께 남하하여 12월 이후에 제주도 서남방해역에서 월동하는 것으로 추정된다.

형 태

몸의 형태는 뒤쪽으로 갈수록 가늘어지는 긴 삼각형을 하고 꼬리자루 높이는 낮은 편이다. 입은 크고 위턱의 뒤끝 부분은 눈보다도 더 뒤쪽에 있으며, 위턱과 아래턱의 길이는 거의 같다. 뒷지느러미 2번째 가시는 눈지름보다도 약간 길다. 비늘은 작은 편이며 특히 등 · 뒷 · 꼬리지느러미의 연조부에는 작은 비늘이 덮여있다. 등지느러미 기부에서 옆줄 사이에는 8~9줄의 비늘이 있다. 옆줄 구멍이 작아 참조기보다도 옆줄이 가늘고 계속 이어져 있는 느낌을 준다.

민어

분 포

우리나라 서 · 남해, 황해, 발해, 동중국해

서식지

수심 40~120m 되는 근해의 바닥이 펄질인 곳에 주로 서식하며, 낮에는 저층에, 밤에는 약간 부상하는 수직이동을 한다.

형 태

몸은 약간 길고 측편되어 있으며 입은 큰 편이다. 전새개골 가장자리에 막질의 톱니가 있다. 윗턱이 아래턱보다 약간 길며 양턱에는 크고 단단한 송곳니가 2줄 이상 배열한다. 등지느러미 연조부는 기저에서 1/2~1/3 위로 작은 비늘로 덮여있다. 아래턱 아래면 봉합부에는 4개의 아주 작은 점액구멍이 있다. 뒷지느러미의 두 번째 가시는 가늘며 눈지름보다도 약간 길다. 꼬리지느러미는 길고 참빗모양이다.

보구치

분 포

우리나라 경북 이남의 동 · 서 · 남해, 일본 남부해, 발해, 황해, 동중국해, 중 · 서부태평양, 인도양

서식지

수심 40~100m 되는 근해의 바닥이 모래나 펄인 곳에 서식한다.

형 태

몸은 긴 타원형으로 측편하며 체고가 높다. 주둥이는 둥근 편이며, 입은 크고 위턱이 아래턱보다 약간 돌출한다. 양 턱에는 여러 줄의 이빨이 있으며 위턱은 바깥쪽 이빨이 안쪽보다 크고 단단한 송곳니 모양인 반면 아래턱은 반대로 안쪽의 이빨이 크다. 아래턱 아래면 봉합부에는 6개의 작은 점액구멍이 있다. 등지느러미와 뒷지느러미에는 비늘이 없으며 꼬리지느러미는 참빗모양이다. 뒷지느러미의 2번째 가시는 짧아 눈지름과 거의 같은 길이이다.

수조기

분 포

우리나라 서 · 남해, 일본 남부해, 발해, 황해, 동중국해

서식지

수심 40~150m인 펄밭이나 모래에 서식한다.

형 태

몸은 비교적 길고 측편하며 주둥이는 다소 긴 편이다. 위턱이 아래턱 보다 길며 양 턱에는 2줄의 이빨이 있는데 위턱의 경우 바깥쪽 이빨이 안쪽보다 크고 단단하다. 아래턱 아래면의 봉합부에는 5개의 점액구멍이 있다. 뒷지느러미의 2번째 가시가 크고 강하다. 등 · 뒷지느러미에는 비늘이 없다.

민태

분 포

우리나라 서 · 남해, 황해, 동중국해, 인도양

서식지

바닥이 모래나 펄질인 수심 80m 이내의 얕은 바다에 주로 서식한다.

형 태

몸은 약간 가늘고 길며 측편한다. 주둥이는 둥글며 약간 돌출한다. 입은 아래에 위치하고 위턱은 아래턱보다 약간 돌출하며 그 뒤끝은 눈의 중앙 아래에 도달한다. 아래턱의 밑면에는 5개의 작은 구멍이 있으며 수염은 없다. 양 턱 모두 앞쪽에는 4~5줄의 이빨이 있고 뒤로 갈수록 줄어들며 윗턱은 가장 바깥쪽 이빨이 안쪽보다 매우 크지만 아래턱은 거의 같은 크기이다. 주둥이 부분, 목덜미, 등지느러미는 연조부, 뒷지느러미 기저 부분은 둥근 비늘이며 그 외는 빗비늘로 덮여 있다. 옆줄은 앞부분은 둥글게 구부러져 있지만 뒷지느러미 위쪽에서 거의 직선으로 꼬리지느러미에 도달한다.

참조기

분 포

우리나라 서 · 남해, 발해만, 동중국해 등 수심 40~160m인 바닥이 모래나 펄인 곳

서식지

우리나라 서해안으로 회유해 오는 어군은 겨울철에 제주도 남서쪽 및 중국 상해 동남쪽에서 월동하고 봄이 되면 난류세력을 따라 북상하여 5월경 주 산란장인 연평도 근해에서 산란하고 산란을 마친 어군은 계속 북상하거나 황해의 가장 깊은 중심 해역으로 이동하여 활발한 먹이 섭취 활동을 하다가 가을이 되면 남하한다.

형 태

몸의 형태는 가슴지느러미에서 뒷지느러미에 이르는 몸통 높이가 큰 차이없이 밋밋한 길다란 사각형에 가깝다. 등 · 뒷지느러미 연조부의 지느러미막에는 기저에서 약 2/3 이상이 작은 둥근비늘로 덮여 있으며 꼬리지느러미에도 작은 비늘이 덮여있다. 뒷지느러미 2번째 가시의 길이는 눈지름보다도 짧다. 비늘은 다소 큰 편이며 등지느러미 기부에서 옆줄 사이에는 5~6줄의 비늘이 있다. 입은 크고 윗턱 뒤끝부분은 눈 뒷부분의 아래까지 도달하며 아래턱은 윗턱보다도 약간 길다. 옆줄 구멍은 부세보다 크며 꼬리자루 높이도 두툼한 편이다.

황강달이

분 포

우리나라 서 · 남해, 발해, 황해, 동중국해

서식지

우리나라 서해안의 바닥이 펄질인 내만이나 큰 강 하구 부근에 주로 서식한다.

형 태

몸은 가늘고 긴 편이며 측편하고 머리부분은 둥근 편이다. 머리 위에는 새의 볏모양의 돌기가 발달하여 그 앞뒤로 가시가 있으며 이 2개의 가시 사이에 1~3개의 위로 향한 가시가 있다. 주둥이는 둥글고 둔하며 입은 큰 편이다. 옆줄보다 아래 배부분에는 황금색을 띤 과립모양의 발광 기관이 있다. 등지느러미와 뒷지느러미의 기저 부분은 비늘로 덮여 있지 않다. 뒷지느러미 1번째 가시는 직선모양으로 곧다. 꼬리자루는 가늘며 꼬리지느러미 뒷부분의 중앙부가 돌출한다.

눈강달이

분 포

우리나라 서 · 남해, 발해, 황해, 동중국해

서식지

내만이나 강 하구보다도 약간 깊은 곳에 주로 서식한다.

형 태

몸은 가늘고 길고 측편하며 체고는 높은편이다. 머리 위에는 새의 볏모양의 골질돌기가 있으며 앞뒤로 향한 두 돌기 사이는 오목하다. 아가미뚜껑 위부분은 검은 색이다. 옆줄 아래 배부분에는 황금색을 띤 과립형의 발광기가 복중선에서 한줄 위쪽에 32~39개가 있어 구별된다. 뒷지느러미 1번째 가시는 낚시모양으로 구부러져 있다. 등지느러미와 뒷지느러미의 기저 부분에는 비늘이 없다.

줄갈돔

분 포

우리나라 동 · 남해, 일본 남부, 중국를 비롯한 서부태평양, 동인도양

서식지

연안 100m 이내의 비교적 얕은 곳에서 서식하며, 어린새끼는 얕은 모래 위나 바다풀, 경사진 암초 위 등에서 주로 생활한다.

형 태

몸은 가늘고 길고 체고는 두장에 거의 가깝다. 빰에는 비늘이 없으며 아래턱의 이빨은 원추형이다. 어린 유어는 주상악골 측면에 작은 결절이 1열로 줄지어 있다. 가슴지느러미의 기저 안쪽에는 작은 비늘이 밀집해 있다. 등지느러미는 두 번째 가시가 길게 뻗어 있으며 꼬리지느러미 양끝은 뾰족하다. 등지느러미 기부와 측선 사이의 비늘열은 6열(맨 위쪽의 가장 작은 비늘포함)이다. 가슴지느러미 위와 측선 사이에 검은 색 반점 하나가 있다. 가슴지느러미 줄기는 13개, 등지느러미와 뒷지느러미 줄기는 각각 9개 및 8개이다.

주걱치

분 포

우리나라 남해, 일본 남부해, 필리핀

서식지

온대성 어류로 연안의 암초 사이에서 서식하며, 주로 밤에 활동하는 야행성이다.

형 태

몸은 타원형으로 매우 측편되며 꼬리자루는 갑자기 가늘어져 있다. 주둥이는 짧고 눈은 크다. 입은 크고 아래턱이 위턱보다 약간 길며 양턱에는 융털모양의 이빨이 나 있다. 등지느러미는 1개이며 뒷지느러미는 기저길이가 매우 길다. 비늘은 작은 빗비늘이며 잘 떨어지지 않는다. 꼬리지느러미 뒷끝 가장자리는 오목하다.

홍치

분 포

우리나라 남해, 일본 남부해, 동중국해, 인도양, 서태평양, 홍해

서식지

제주도 동방 해역에서 대만 북부 해역에 이르는 수심 70m 이상의 대륙붕 가장자리에서 서식한다.

형 태

몸은 긴 타원형이며 측편한다. 눈은 커서 눈지름은 주둥이 길이보다 길다. 입은 위로 향해 있으며 아래턱이 위턱보다 돌출한다. 양 턱에는 융털 모양인 이빨이 1줄로 띠를 형성한다. 아가미뚜껑 아래 부분에는 단단하고 편평한 1개의 가시가 있다. 비늘은 작은 빗비늘로 거칠며 잘 떨어지지 않는다. 배지느러미는 가슴지느러미보다 크며 꼬리지느러미 뒤끝 가장자리는 수직형이다.

뿔돔

분 포

우리나라 남해, 일본 남부해, 동중국해, 전 해양의 열대해역

서식지

제주도 남방 해역에서 대륙붕 가장자리를 따라 대만 북부 해역의 깊은 곳에 서식한다.

형 태

몸은 계란형으로 체고가 높고 측편한다. 눈은 크고 그 위 부몸 빛깔은 전체가 주홍색이며 등쪽이 더욱 짙다. 배지느러미 막은 검은 색이며 그 외 지느러미는 주홍색이다. 몸은 계란형으로 체고가 높고 측편한다. 눈은 크고 그 위 부분은 머리의 등쪽 능선에 밀착되어 있으며 두 눈 사이는 편평하다. 입은 위로 향해 있으며 위턱의 뒤끝 부분은 눈동자 앞쪽 아래까지 도달한다. 양 턱에 융털모양의 이빨이 나 있다. 등지느러미의 가시는 뒤쪽으로 갈수록 길며 1~4번째 가시에는 톱니가 있다. 배지느러미는 길어서 그 뒤끝 부분이 뒷지느러미의 기저 중앙부까지 도달한다. 꼬리지느러미의 뒤끝 가장자리는 수직형이거나 약간 볼록하며 검은 색이다. 비늘은 작은 빗비늘 몸 전체에 덮여있다.

게르치

분 포

우리나라 연해, 일본 북해도 이남해역, 동중국해

서식지

어릴 때는 연안의 얕은 곳에서 무리를 지어 표층을 떠돌아다니다가 성장함에 따라 점차 깊은 곳으로 이동하여 성어가 되면 바닥이 조개껍질이 섞인 모래질이나 암초지대인 수심 200~700m 되는 깊은 곳에서 서식한다.

형 태

몸은 약간 길고 측편하며 둥근비늘로 덮여있다. 머리는 약간 크고 주둥이는 짧으나 뾰족하며 눈도 큰 편이다. 입은 크고 비스듬하며 아래턱이 위턱보다 약간 길고 양 턱의 이빨은 송곳니 모양으로 뾰족하며 1줄이고 특히 위턱 앞쪽의 송곳니가 크다. 제1등지느러미의 9번째 가시는 매우 짧아 거의 피부에 묻혀 있고 제2등지느러미는 비늘로 덮여 있다. 뒷지느러미 가시는 어릴 때는 3개로서 첫 번째 가시가 작고 성어가 되면 이것은 피부에 묻히게 되어 가시 2개만 외부에 나타난다.

민전갱이

분 포

우리나라 남해, 일본 중부이남, 대만, 태평양~인도양

서식지

난류의 영향을 강하게 받는 대륙붕 가장자리에 주로 서식한다.

형 태

몸은 타원형으로 매우 측편하며 등쪽 가장자리는 둥근 편이다. 주둥이는 짧고 둔하며 아래턱이 위턱보다 약간 돌출된다. 위턱의 몸 빛깔은 등쪽은 흑갈색으로 은백색의 광택이 있으며 배쪽은 약간 연한 빛이고 어릴 때는 몸 옆에 검은색의 가로 띠가 있지만 성장하면서 차츰 불분명해진다. 위턱의 뒤끝은 눈의 앞쪽 가장자리까지 도달하며, 양 턱에는 각각 1줄의 이빨이 있다. 옆줄은 제 2등지느러미의 제 12~13연조 아래에서 뒤쪽으로 직선으로 뻗어 있고, 이 직선부에 모비늘이 발달하며 어릴 때는 이 모비늘의 가시가 앞쪽으로 향해 있다. 등지느러미와 뒷지느러미 뒤쪽에 토막지느러미가 없으며, 뒷지느러미 앞쪽에는 2개의 분리된 가시가 있다. 가슴 부분과 가슴지느러미 기저 부분에는 비늘이 없다.

갈전갱이

분 포

우리나라 중부 이남, 일본 남부해, 동중국해, 대만, 남아프리카

서식지

제주도 동방 해역에서 대만 북부 해역에 이르는 수심 90m 이상의 대륙붕 가장자리에 많이 서식한다.

형 태

몸은 타원형으로 매우 측편하며 체고가 높다. 아래턱은 위턱보다 돌출하고 양 턱에는 융털모양의 이빨이 있다. 가슴부분에는 비늘이 있으며 뒷지느러미 앞쪽에는 2개의 분리된 가시가 있다. 옆줄은 제2등지느러미의 제15번째 연조 부근까지는 둥글게 구부러져 있지만 그 이후 거의 직선으로 꼬리지느러미에 도달하며 이 직선부의 옆줄 위에는 모비늘이 발달한다.

실전갱이

분 포

우리나라 중부이남, 남중국해, 일본중부이남 등을 비롯한 전세계의 열대 해역에 분포

서식지

유어는 표층근처에서 생활하고 성어는 보통 수심 60m 이내의 중층과 저층에서 생활한다.

형 태

몸은 마름모꼴에 가깝고 현저히 측편하며 성장함에 따라 체고는 낮아지고 몸이 길어진다. 머리에서 주둥이까지는 경사가 심하며 눈 앞 부분의 머리윤곽은 다소 솟아있다. 뒷지느러미 앞에 2개의 분리된 가시가 있다. 측선의 직선부에 작은 모비늘이 발달해 있다. 제1등지느러미의 가시는 짧고 성어에서는 분리된다. 제 2등지느러미와 뒷지느러미의 앞쪽 몇 개의 줄기는 실처럼 매우 길게 연장되며 성장함에 따라 짧아져 사라진다. 유어기 때는 등지느러미와 뒷지느러미의 앞쪽의 기저부분은 각각 한 개의 흑색반점이 있고, 체측에 5~6줄의 흑갈색 가로 띠가 있다.

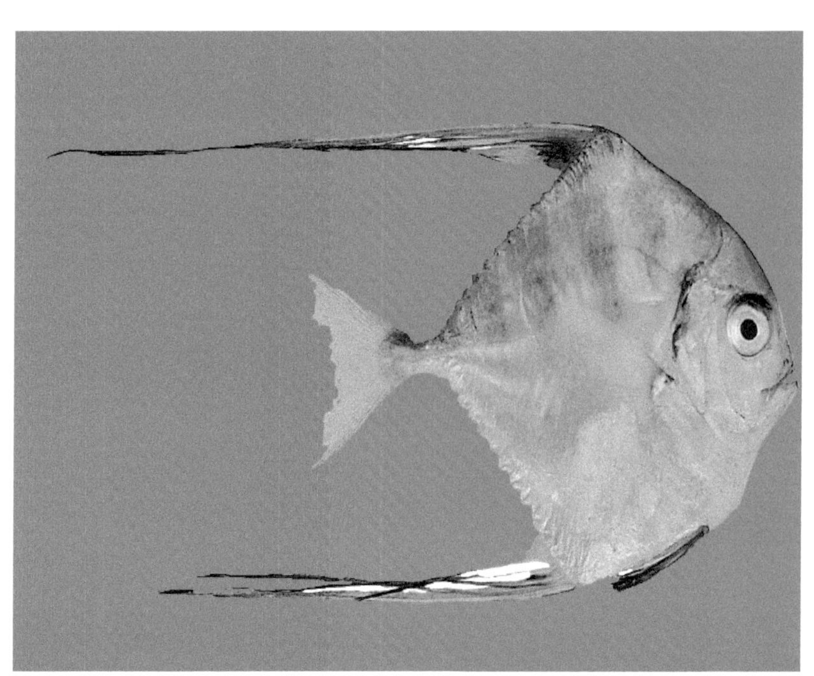

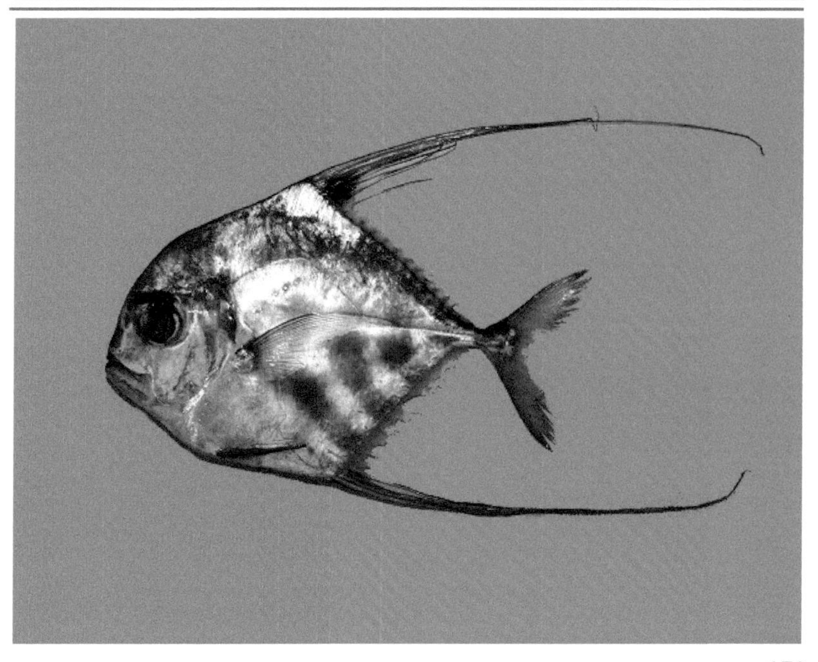

전갱이

분 포

우리나라 전 연안, 동중국해, 황해, 발해

서식지

봄~여름에는 북쪽으로 이동하고 가을~겨울에는 남쪽으로 이동한다.

형 태

몸은 방추형이며 머리길이가 몸높이보다 길다. 눈지름은 주둥이 길이보다 길며 아래턱이 약간 돌출하고 양 턱에는 작은 이빨이 있다. 눈에 기름눈까풀이 발달해 있다. 등지느러미와 뒷지느러미 뒤쪽에는 작은 토막지느러미가 없다. 뒷지느러미 앞쪽에는 2개의 분리된 가시가 있다. 꼬리자루는 가늘고 꼬리지느러미는 크게 갈라져 있다. 옆줄은 가슴지느러미 위쪽에서는 둥글게 구부러져 있으나 제2등지느러미의 8번째 연조 아래에서는 거의 직선으로 꼬리지느러미 기저에 도달한다. 옆줄 위의 비늘은 모두 모비늘로 머리 뒤에서 꼬리자루까지 발달해 있다.

줄전갱이

분 포

우리나라 남부해, 일본 중부이남, 동중국해, 인도양, 태평양의 열대 및 아열대에 분포

서식지

내만이나 연안에 서식하며, 성어는 산호초 주변의 수심 10~40m에 단독 혹은 큰 무리를 이루고 있다. 어릴 때는 연안의 만이나 강하구에 들어오기도 한다.

형 태

위턱에는 몇 줄의 이가 있지만 아래턱의 이는 1열 뿐이고 전방에 큰 이가 섞여 있다. 눈에 기름눈까풀이 발달한다. 뒷지느러미 앞에 분리된 2개의 가시가 있다. 아가미뚜껑 위쪽에 작은 검은 점이 있다. 꼬리지느러미 뒤 가장자리는 검다. 몸에 비늘이 없는 부분이 없으며 가슴부분에도 비늘이 덮여있다. 몸은 체고가 높고 긴 타원형으로 측편되고 등쪽은 볼록하다. 측선은 전반부는 굽어 있고 후반부는 직선이며 이 직선 부분의 측선 위에 단단하고 잘 발달된 검은색의 모비늘이 있다.

병치매가리

분 포

우리나라 남해, 일본 남부해, 동중국해, 중서 태평양, 인도양

서식지

열대 및 아열대성 어류로서 제주도 남방해역에서 대만 북부 해역에 이르는 대륙붕의 중층 또는 상층에 서식한다.

형 태

몸은 타원형으로 매우 측편되고 체고가 높다. 주둥이는 짧고 눈은 작은 편이다. 아래턱은 위턱보다 약간 길며 이빨은 작은 원뿔니로 1줄로 나란히 배열되어 있다. 가슴지느러미는 길고 낫모양이며 그 끝은 뾰족하고 등지느러미의 가시와 뒷지느러미의 분리된 두개의 가시 및 배지느러미는 어릴 때는 있지만 성장하면서 퇴화되어 없어진다. 아가미뚜껑 뒤쪽에는 1개의 작은 흑갈색 반점이 있다. 꼬리자루 양 옆에는 작은 모비늘이 있으며 융기되어 있다. 주둥이에서 머리 뒷부분에 이르는 부분을 제외하고는 둥근비늘로 덮여있다.

고등가라지

분 포

우리나라의 제주도 남부해역, 일본남부, 인도양의 열대, 온대해역

서식지

대륙붕 연안의 표층에 무리를 지어 광범위하게 서식한다.

형 태

주둥이는 뾰족하고 입은 눈의 아래쪽에서 갈라져 있다. 눈에는 기름눈꺼풀이 발달해 있다. 아래턱이 위턱보다 돌출하고 위턱의 뒤끝은 동공의 가운데까지 뻗어있다. 매우 길고 강한 큰 모비늘이 제 1등지느러미 가시의 4~5번째에서 시작하여 꼬리자루 끝까지 존재한다. 제2등지느러미와 뒷지느러미의 뒤쪽에는 6~10개의 분리된 토막지느러미가 있다. 몸은 방추형으로 길고 측편하며 머리 등쪽은 약간 굽어져 있다. 각 지느러미들은 황색을 띠지만 조금 어두운 색을 띤다. 가슴지느러미는 매우 길어서 제2등지느러미의 6~7번째 줄기 아래까지 뻗어있다. 등지느러미와 뒷지느러미의 앞부분은 낫모양을 한다.

가라지

분 포

우리나라 남해, 일본 남부해, 동중국해, 대만

서식지

제주도 서방 해역과 대마도 주변 해역에서 서식하는 무리는 겨울에 일부가 남쪽으로 이동하고 여름에는 연안이나 내만으로 이동한다.

형 태

몸은 방추형이며 몸높이가 높고 측편되어 있다. 아래턱이 약간 돌출하며 양 턱에 이빨이 잘 발달되어 있다. 머리부분에 비늘은 동공의 앞 가장자리까지 닿는다. 뒷지느러미 앞쪽에는 분리된 2개의 가시가 있다. 제2등지느러미와 뒷지느러미 뒤쪽에는 각각 분리된 작은 토막지느러미가 1개씩 있다. 가슴지느러미 뒤끝은 제2등지느러미 시작부분까지 도달한다. 옆줄의 몸 뒤쪽의 직선부분은 모비늘로 덮여 있다.

붉은가라지

분 포

우리나라 제주도, 일본남부, 중국 등에 분포

서식지

난류성 어류로 주로 대륙붕 주변 해역에 서식하며, 연안수의 영향을 많이 받는 연안역에는 분포하지 않는다.

형 태

몸은 연장되고 약간 측편하며 입은 작고 앞으로 튀어나올 수 있다. 눈에는 기름눈까풀이 잘 발달해 있다. 위턱의 뒤끝은 눈의 앞 가장자리 아래에 달한다. 양 턱의 이빨은 아주 작으며 1열로 줄지어 있고, 입천정에도 이빨이 나 있다. 등지느러미와 뒷지느러미의 뒤쪽에는 분리된 토막지느러미가 한 개씩 있으며 뒷지느러미 앞쪽에는 분리된 2개의 가시가 있다. 가슴지느러미 뒤끝은 길어서 제2등지느러미 기부를 넘어 뻗어 있다. 측선의 후반부는 모비늘이 발달해 있다. 주새개골의 가장자리에 하나의 흑색점이 있다. 머리 등쪽의 비늘은 눈의 앞 가장자리를 넘어 뻗어있다.

방어

분 포

우리나라 동해, 남해, 일본

서식지

온대성 어류로서 난류를 따라 연안의 수심 6~20m인 중·하층을 헤엄쳐 다닌다.

형 태

몸은 긴 방추형으로 약간 측편되어 있다. 가슴지느러미와 배지느러미는 거의 같은 크기이며, 제1등지느러미는 작다. 입은 크고 비스듬히 찢어져 있다. 위턱 뒤끝의 위부분은 뾰족하게 모서리가 각져 있다. 뒷지느러미 앞쪽에는 2개의 분리된 작은 가시가 있다. 몸 전체에 작은 둥근비늘이 덮여있다.

부시리

분 포

우리나라 전 연안, 일본, 중국 등 전세계의 온대역에 분포

서식지

주로 깊은 바다의 암초역의 중저층에서 생활하는 난해성 물고기로서 방어보다 저위도 해역을 선호하지만 열대역에는 분포하지 않는다.

형 태

가슴지느러미는 배지느러미보다 짧다. 몸은 긴 방추형이고 다소 측편되어 있다. 주둥이 길이와 두 눈 사이의 길이가 같다. 위턱의 맨 뒤끝 모서리는 둥글며 동공의 앞가장자리 아래에 달한다. 배지느러미와 뒷지느러미는 황색이지만 뒷지느러미 막은 약간 검다. 옆줄에는 모비늘이 없으며, 성어는 꼬리자루에 옆쪽으로 작은 피부 융기가 있다. 가슴지느러미 기저부에 있는 작은 비늘은 흔적적이거나 없는 것도 있다.

잿방어

분 포

우리나라 전 연안, 일본 연안, 황해, 동중국해, 대만, 인도네시아, 남태평양

서식지

방어보다 따뜻한 물을 좋아하는 남방계 어류로서 전 세계의 온대, 열대해역 표층에 서식한다.

형 태

몸은 방추형으로 짧고 통통하며 체고가 높은 편이다. 위턱 뒷끝 부분은 눈의 중앙 아래에 도달하며 뒤끝 위 부분은 둥글며 주둥이는 둔하다. 뒷지느러미 앞쪽에는 2개의 분리된 가시가 있으며 뒷지느러미 기저 길이는 등지느러미 연조부보다 훨씬 짧다. 등지느러미와 뒷지느러미 뒤쪽에는 토막지느러미가 없다. 옆줄에는 모비늘이 없다. 꼬리지느러미 뒤끝 가장자리는 희다.

황옥돔

분 포

우리나라 남해, 일본 중부이남, 대만

서식지

연안성으로 바닥이 모래나 펄질이며, 기복이 있는 곳에 구멍을 파고 그 속에서 주로 서식한다.

형 태

몸은 긴 편으로 측편하며 머리는 눈앞에서 급히 경사져 수직형에 가깝다. 눈은 머리 위쪽에 위치하고 주둥이는 둔하며, 입은 작고 아래쪽에 위치한다. 아가미뚜껑의 앞쪽 뒤 가장자리는 톱니모양이다. 양 턱의 이빨은 강하다.

옥돔

분 포

우리나라 중부이남, 제주도, 일본 중부이남, 동중국해, 남중국해

서식지

제주도 동방해역에서 남쪽으로 수심 10~30m되는 대륙붕 가장자리에 걸쳐 서식하며, 특히 펄이나 모래 바닥에 구멍을 파고 그 속에서 생활하는 습성을 가진다.

형 태

몸은 약간 길고 측편하며 머리의 앞쪽은 매우 경사져 거의 수직형에 가깝다. 입은 작고 위턱 이빨은 바깥쪽이 크고 안쪽은 작지만 여러 줄로 배열되어 있다.

등흑점옥두어

분 포

우리나라 제주도, 동중국해, 남중국해, 필리핀, 베트남

서식지

대륙붕 수심 100~150m의 바닥이 진흙, 모래진흙에 서식한다.

형 태

몸은 길고 측편되며 머리의 전단부가 거의 수직에 가까운 급경사를 이룬다. 눈은 상대적으로 크다. 입은 약간 경사지며 위턱의 뒤 끝은 눈의 중앙부근에 달한다. 양 턱은 거의 길이가 같고 위턱에 폭넓은 이빨 열이 있으며 가장 바깥측의 1열은 매우 큰 원추치이다. 아래턱의 이빨은 앞쪽은 여러 줄이나 뒤쪽은 1열뿐이고 가운데 이빨이 가장 크다. 몸에는 작은 빗비늘이 덮여 있으나 아가미뚜껑과 머리뒤쪽, 목부분은 둥근비늘이 덮여있다. 등지느러미는 1개로 길게 이어져 있으며 그 끝부분은 뒷지느러미의 뒤끝과 거의 일치한다.

옥두어

분 포

우리나라 남해, 일본남부, 중국해~필리핀 등에 분포

서식지

수심 30~100m내의 바닥이 진흙이나 모래진흙에 주로 서식한다.

형 태

몸은 체고가 높지 않으며 길고 날씬하다. 특히 머리의 앞부분은 경사가 심하다. 몸 빛깔은 연홍색으로 등지느러미는 어둡고 옆줄을 따라 꼬리까지 연홍색을 띠며 특히 꼬리지느러미에는 가는 불명확한 황적색 가로띠가 4~6줄 있다. 눈은 상대적으로 작고 눈 크기는 두장의 약 1/4~1/6배이다. 다른 옥돔속 어류와 달리 눈 주위에 은백색 무늬가 없다. 아가미뚜껑 앞쪽의 뒤 가장자리는 톱니모양이다. 등지느러미는 1개로 길게 이어져 있으며 뒷지느러미의 뒤끝에 거의 이른다.

세동가리돔

분 포

우리나라 남해, 일본 중부이남, 동중국해, 대만, 필리핀

서식지

수심 10m 정도의 바닥이 모래질인 곳이나 깊은 암초지대에 서식한다.

형 태

몸은 원통형에 가깝고, 체고가 높고 매우 측편하며 머리는 짧은 편이다. 주둥이는 돌출하며 머리 위부분은 오목하고 등지느러미 바로 앞에서 급히 경사져 있다. 몸 빛깔은 연한 갈색 바탕에 눈을 가로지르는 1줄의 암색 가로 띠와 옆구리에 폭이 넓은 2줄의 갈색 띠가 가로로 그어져 있다. 등지느러미 연조부 앞쪽에 백색으로 둘러싸인 둥근 흑색 반점이 있다. 꼬리지느러미는 수직형이거나 약간 오목하다. 양 턱의 이빨은 앞부분이 7~9줄로 밀접한 이빨 띠를 형성하나 뒤쪽으로 갈수록 감소하여 뒷부분에 1~2줄만이 있다. 옆줄은 꼬리자루 앞부분에서 끝나며 비늘은 빗비늘이다.

군평선이

분 포

우리나라 서 · 남해, 일본 남부해, 발해, 황해, 동중국해

서식지

온대성 어류로서 겨울철에는 소코트라 남부해역 (수심 60~70m 전후)에 서식하다가 봄이되면 중국연안 및 우리나라 남 · 서해 연안으로 이동하여 얕은 바다에서 여름철을 보내고, 가을이 되면 남쪽으로 이동한다.

형 태

몸은 긴 타원형으로 측편하고 체고가 높다. 눈은 크고 주둥이는 약간 돌출한다. 주둥이에서 등지느러미 기부까지는 거의 직선(혹은 약간오목)이다. 입은 배쪽에 가깝게 위치하고 수평으로 열려있다. 등지느러미의 가시는 두껍고 단단하다. (특히 3번째 가시는 4번째 보다 길고 크며, 뒷지느러미는 2번째 가시가 가장 두껍고 크다.) 양 턱에는 여러 줄로 배열된 작은 원뿔니가 있으며 가장 바깥쪽 이빨이 가장 크다. 아래턱에는 짧은 수염이 밀생해 있으며 4쌍의 작은 구멍이 있다. 비늘은 단단한 빗비늘로서 주둥이와 양 턱을 제외하고 몸 전체에 덮여있다.

돌돔

분 포

우리나라 전 연안, 일본 연안, 중국연안

서식지

온대성 어류로 주로 연안의 암초지대에 서식한다.

형 태

몸은 긴 타원형으로 체고가 높으며 측편한다. 입은 작아 위턱의 뒤끝 부분이 눈 아래에도 도달하지 않는다. 양 턱의 이빨은 단단한 새의 부리모양이다. 비늘은 작은 빗비늘이다.

강담돔

분 포

우리나라 중부이남, 일본 중부이남. 동 · 남 중국해, 태평양 등에 분포

서식지

연안의 수심 10m 전후의 암초역에 서식하며, 치어 때는 해류에 떠다니는 유조에 부착해서 생활한다.

형 태

주새개골은 편평한 한 개의 가시가 있으며 전새개골의 뒤 가장자리는 톱니모양이나 아래쪽은 미끈하다. 몸은 약간 계란형으로 체고는 높고 약간 측편한다. 몸에는 작은 빗비늘이 덮여 있으나 양 눈 사이의 앞부분과 아래턱의 아래쪽에는 비늘이 없다. 뒷지느러미 연조부의 뒤 가장자리는 거의 수직이다.

고등어

분 포

우리나라 전 연근해, 전 세계의 아열대 및 온대 해역으로 연안수의 영향을 강하게 받는 대륙붕 해역

서식지

난류성, 추광성, 군집 회유성 탐식성으로, 봄~여름에는 따뜻한 물을 따라 북쪽으로 이동하여 산란 및 먹이를 섭취하며, 가을~겨울에는 월동을 위해 남쪽으로 이동하는 수평이동 외에 봄~여름에는 얕은 곳으로, 가을에는 깊은 곳으로 이동하는 계절적 수직이동도 한다.

형 태

몸의 형태는 전형적인 방추형으로 몸의 횡단면은 타원형이며 주둥이는 뾰족한 편이다. 등지느러미는 가시부와 연조부로 잘 분리되어 있으며 가시부가 붙는 자리에 얕은 홈이 있어 뒤쪽으로 눕혀 홈 안에 넣을 수 있다. 등지느러미와 뒷지느러미 뒤쪽에는 각각 5개의 토막지느러미가 있다. 꼬리자루의 등뼈 좌우에는 강한 힘살이 있어 꼬리를 좌우로 강하게 움직일 수 있으며 꼬리자루 뒷끝에는 좌우로 각각 2줄의 융기선이 아래위로 나란히 있다. 제1등지느러미의 신경간극 수는 12~16개이다.

참다랑어

분 포

우리나라 남 · 동해, 일본 전세계의 온대 및 열대 해역

서식지

비교적 수온이 낮은 해역에서 높은 해역까지 또한 연안에서 외양까지의 표층수역에서 광범위하게 서식한다.

형 태

몸은 전형적인 방추형으로 뚱뚱한 편이며 꼬리 자루는 가늘다. 가슴지느러미는 짧아 그 뒤끝이 제2등지느러미 기부에 훨씬 못미친다. 제2등지느러미와 뒷지느러미의 높이가 낮고 낫 모양이다. 몸 전체에 작은 둥근비늘이 덮여있다.

망치고등어

분 포

고등어보다 남쪽 해역에 주로 분포하며, 수온과 염분이 다소 높은 곳을 좋아하기 때문에 쿠로시오 영향을 강하게 받는 대륙붕 해역에 분포

서식지

봄~여름에는 북쪽 해역으로 이동하고 가을~겨울에는 남쪽으로 이동하는데 우리나라 연안으로 회유해 오는 시기는 고등어보다 늦은 편으로 여름~가을에 고등어와 함께 혼획된다.

형 태

몸의 형태는 방추형으로 몸통의 횡단면은 거의 원형에 가깝다. 등지느러미는 가시부와 연조부로 잘 분리되어 있으며 가시부가 붙는 자리에 얕은 홈이 있어 뒤쪽으로 눕혀 홈 안에 넣을 수 있다. 등지느러미와 뒷지느러미 뒤쪽에는 각각 5개의 토막지느러미가 있다. 꼬리자루의 등뼈 좌우에는 강한 힘살이 있어 꼬리를 좌우로 강하게 움직일 수 있으며 꼬리자루 뒷끝에는 좌우로 각각 2줄의 융기선이 아래위로 나란히 있다.

꼬치삼치

분 포

우리나라 서 · 남해, 일본 중부이남, 전 세계의 온대 및 열대 해역

서식지

열대성 어류로서 일정한 바다에 모여 있지 않고 연안의 표층(0~12m)에서 주로 서식한다.

형 태

몸은 가늘고 긴 편이며, 주둥이는 부리모양으로 뾰족한 편이다. 새파가 없다. 양 턱에는 50~55개의 삼각형의 이빨이 1줄로 줄지어 있다. 몸은 작은 둥근비늘로 덮여있다. 배지느러미 사이의 돌기는 작고 그 끝이 두갈래로 갈라져 있다. 옆줄은 제1등지느러미 중앙부분 아래에서 급한 경사를 이루고 그 이후 거의 수평으로 꼬리지느러미에 도달한다.

황다랑어

분 포

우리나라 남해, 일본, 세계의 온대~열대해역

서식지

다랑어류 가운데 가장 높은 수온의 해역에서 생활하는 종으로 수온 15℃ 이상 되는 해역에 서식하며, 여름철에 우리나라 연안 가까이 회유한다.

형 태

몸은 방추형이고, 머리와 눈은 작은 편이다. 가슴지느러미는 길어 그 뒤끝이 제2등지느러미의 중앙을 넘는다. 제2등지느러미와 뒷지느러미는 길게 신장한다. 꼬리자루에는 융기선이 있으며, 꼬리지느러미는 가늘고 긴 편이다. 몸 전체에는 비늘이 덮여있다.

삼치

분 포

우리나라 서 · 남해, 중국, 일본에서 하와이, 호주

서식지

봄~여름에는 산란과 먹이섭취를 위한 연안 또는 북쪽으로 이동하고, 가을~겨울에는 월동하러 남쪽으로 이동하며, 거문도 주변 해역에서는 연중 서식한다. 표층~중층(0~80m) 사이에 주로 서식한다.

형 태

몸의 형태는 가늘고 길게 측편하며 매우 작은 비늘로 덮여있다. 양 턱의 이빨은 창모양으로 구부러져 날카롭고 서골과 구개골에는 융털모양의 이가 있고 혀에도 이빨이 있다. 제1등지느러미 기저는 매우 길며 그 지느러미의 가장자리는 뒤쪽으로 갈수록 천천히 경사져 있다. 가슴지느러미의 뒤 가장자리는 움푹 들어가 있다. 부레가 없다. 옆줄은 1개로서 물결모양이며 옆줄 아래 위의 직각방향으로 가느다란 가시가 많이 나 있다.

줄삼치

분 포

우리나라 황해, 일본, 필리핀, 서태평양, 인도양, 하와이 등에 분포

서식지

온대성 어류로 주로 연안의 표층 1~30m 사이에 서식한다.

형 태

몸은 방추형으로 약간 측편하고 꼬리자루는 가늘다. 양 턱의 이빨은 크고 단단하며, 안쪽으로 굽어져 있다. 꼬리자루는 양쪽으로 융기선이 있다. 배지느러미는 분리되어 있으며 그 사이에 돌기가 있다. 몸 전체에 작은 비늘이 덮여 있으며 가슴부분과 옆줄부분의 비늘은 비교적 크다. 제2등지느러미와 뒷지느러미의 뒤쪽에는 토막지느러미가 있다.

눈다랑어

분 포

우리나라 남해, 일본 남부해, 세계의 온대, 열대 해역

서식지

수온 10℃ 이상 되는 대양의 수심 20~120m인 곳에 주로 서식하며, 어릴 때는 표층 가까이, 성장할수록 점차 깊은 곳에서 생활하며, 다랑어류 중에서 가장 깊은 곳까지 서식한다.

형 태

몸은 방추형으로 매우 뚱뚱하며 체고가 높고 머리와 눈이 크다. 몸 전체에 작은 둥근비늘이 덮여있다. 가슴지느러미는 길고 그 뒤끝이 제2등지느러미보다 더 뒤쪽에 위치한다. 제2등지느러미와 뒷지느러미는 길게 신장하지 않는다. 꼬리자루에는 융기선이 있으며 꼬리자루의 단면은 상하방향으로 짧고 좌우방향으로는 길다.

가다랑어

분 포

우리나라 남해안 및 제주도, 전 세계의 온대, 열대 해역(북위 40° ~남위 40°)

서식지

표층 외양성 어류로 낮에는 표층에서 수심 260m까지, 밤에는 표층 가까이에서 주로 서식한다.

형 태

몸은 방추형으로 통통하며 몸통의 횡단면은 거의 원형에 가깝다. 양 턱에는 융털모양의 이빨이 있다. 눈 뒷부분, 가슴지느러미 주위, 옆줄에만 비늘이 있으며, 특히 제2등지느러미에 2개의 가시를 갖고 있다. 제1등지느러미의 기저는 길고 제2등지느러미와 겨우 분리되어 있다. 주둥이 끝은 뾰족하며 꼬리자루는 가늘고 단단하다.

뭉치다래

분 포

우리나라 남해, 일본 남부해, 전 세계의 온대 및 열대 해역

서식지

연안의 표층은 큰 무리를 지어 돌아다닌다.

형 태

몸은 방추형으로 몸의 단면은 거의 원형이다. 양 턱에 약한 이빨이 있다. 아가미뚜껑 위 부분에 있는 흑색점은 머리위 부분의 흑색부분과 연결되어 있다. 옆줄 아래 위로 비늘이 있는 부분은 제2등지느러미보다 더 뒤쪽까지 뻗어 있다. 등지느러미는 서로 떨어져 있으며 등·뒷지느러미 뒤쪽에 토막지느러미가 있다.

자리돔

분 포

우리나라 남해, 일본 중부이남, 동중국해

서식지

연안의 수심 5~15m 전후되는 암초지대에서 큰 무리를 지어 중층과 하층을 헤엄쳐 다니면서 서식한다.

형 태

몸은 타원형으로 측편하며 체고는 높고 주둥이는 짧다. 양 턱에 원뿔니가 있으며 옆쪽은 좁은 이빨띠를 이루고 바깥쪽 이빨이 크다. 양 턱을 제외한 머리 전체가 큰 비늘로 덮여 있다. 등지느러미와 뒷지느러미의 연조부는 중앙의 연조가 길고 뒷지느러미 2번째 가시는 첫 번째 가시보다 매우 길다. 등·뒷지느러미 기저부분은 작은 비늘로 덮여있다. 옆줄은 불완전하여 등지느러미 제1연조 아래에서 끝난다.

노랑자리돔

분 포

우리나라 남해 및 제주도, 일본남부를 비롯한 서부태평양의 온대

서식지

수심 20~30m의 산호초나 암초지역에 서식하며, 무리를 짓기보다는 단독으로 생활하는 경우가 대부분이다.

형 태

몸은 둥글고 측편된 형으로 체고가 높은 타원형을 나타낸다. 몸 옆구리에 형성된 옆줄은 등지느러미의 줄기 앞부분에서 끝난다. 아가미뚜껑의 뒷 가장자리는 톱니모양이 매우 미약하게 형성되어 있다. 아가미뚜껑의 뒤 가장자리는 검지 않다. 꼬리지느러미가 시작되는 앞부분에 가시 모양의 지느러미줄기가 아래위에 각각 3개씩 있다. 등지느러미 가시 수는 13개, 뒷지느러미 가시수는 12~13개가 특징이다.

노랑촉수

분 포

우리나라 남해, 일본 중부이남, 동중국해, 서태평양, 인도양

서식지

바닥이 조개껍질이나 펄이 섞인 모래질인 수심 90m 이상 대륙붕 위에 주로 서식하며, 계절적 이동은 거의 하지 않는다.

형 태

몸은 가늘고 길며, 측편한다. 위턱이 아래턱보다 약간 길며 양 턱에는 융털모양의 이빨이 나 있다. 등지느러미는 2개로 분리되어 있으며 제1등지느러미의 첫 번째 가시가 가장 길다. 비늘은 빗비늘로서 탈락하기 쉽다.

독가시치

분 포

우리나라 남해 및 제주도연안, 일본 남부해, 동중국해, 서태평양, 인도양

서식지

외양과 면해 있는 해조류가 무성한 연안의 암초지대에 주로 서식한다.

형 태

몸은 계란모양으로 측편하며 주둥이는 둥근 편이다. 입은 작고 양 턱에는 문치(門齒) 모양의 이빨이 1줄로 나란히 배열되어 있다. 배지느러미 앞쪽과 뒤쪽은 각각 1개의 가시로 되어 있다. 비늘은 매우 작은 둥근비늘이며 머리부분은 위쪽 부분에만 비늘이 있다.

푸렁통구멍

분 포

우리나라 서 · 남해, 일본 연안, 발해, 황해, 동중국해

서식지

큰 이동을 하지 않으며 제주도 남방 해역에서 중국 연안에 걸쳐 바닥이 펄이나 모래가 섞인 곳에서 주로 서식한다.

형 태

몸은 약간 길고 원통형으로 머리는 납작하고 꼬리자루 부분은 측편한다. 눈은 크고 등쪽에 붙어 있으며 머리 위부분에는 방사상의 홈이 있다. 입은 수직형으로 위를 향해 있고 아래턱이 앞쪽에 있으며 아래턱 앞쪽에는 1쌍의 골질돌기가 있다. 콧구멍 앞쪽에 짧은 수염이 있다. 양 턱의 이빨은 작지만 송곳니로서 위턱은 2줄, 아래턱은 앞쪽에 2줄 뒤쪽에 1줄로 배열되어 있으며 아래턱 이빨이 위턱보다 약간 크다. 등지느러미는 1개로서 연조뿐이며 뒷지느러미 기저는 등지느러미보다 길어 기부보다 등지느러미 앞쪽에서 시작하여 등지느러미보다 뒤쪽에서 끝난다. 피부에 묻힌 둥근비늘이 있지만 줄을 형성하지 않는다.

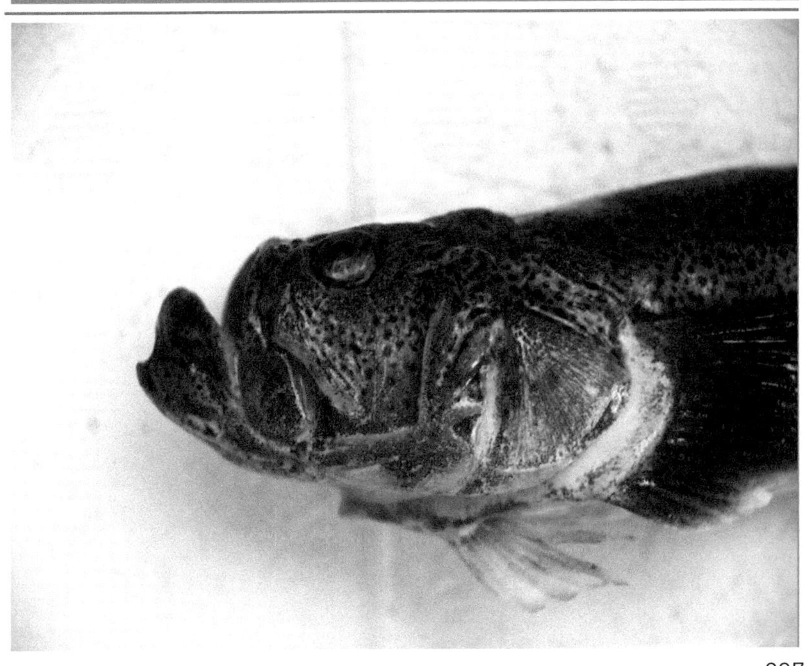

벤자리

분 포

우리나라 남부해, 일본 중부이남, 황해, 동중국해

서식지

온대성 어종으로 큐로시오 난류의 영향을 많이 받는 연안의 깊은 곳이나 해조류가 많은 곳에 서식한다.

형 태

몸은 가늘고 긴 타원형으로 측편한다. 양 턱에는 융털모양의 이빨 띠가 있다. 주둥이는 짧은 편이며 입은 작고 입술은 얇다. 등지느러미 가시부와 연조부의 경계는 움푹 패여 있지 않고 꼬리지느러미 뒤쪽은 오목하다. 비늘은 작은 빗비늘로 주둥이를 제외한 머리부분에도 비늘이 있다. 등지느러미와 뒷지느러미 기저에 비늘이 있다.

어름돔

분 포

우리나라 중부이남, 일본 중부이남, 발해, 황해, 동중국해

서식지

연안의 암초지대에 주로 서식한다.

형 태

몸은 타원형으로 측편하고 체고가 높다. 입은 작고 양 턱은 거의 같은 길이이며 입술은 두툼하다. 머리는 작고 눈은 높이 위치해 있으며 주둥이는 짧다. 양 턱의 이빨은 작고 가늘며 뾰족한 원뿔니이다. 등지느러미와 뒷지느러미 및 꼬리지느러미의 연조부에는 비늘집이 발달해 있다.

호박돔

분 포

우리나라 중부이남, 일본 중부이남, 동중국해, 대만등의 아열대 해역까지 분포

서식지

연안의 약간 깊은 암초지대에 주로 서식하며, 밤에는 바위틈새나 바위구멍에서 잠을 잔다. 주로 암반 및 사질해역에서 서식하며 인공어초 내부나 외부를 왕래하며 서식한다.

형 태

몸은 긴 타원형으로 약간 길고 측편되어 있으며 수컷의 경우 성장함에 따라 이마가 튀어나온다. 양 턱의 이빨은 2줄로 각 줄마다 4개의 송곳니가 있고 안쪽 줄의 이빨은 합쳐져 있다. 꼬리지느러미 뒤끝 가장자리는 약간 둥글다. 비늘이 크며 뺨과 아가미뚜껑을 비롯한 몸 전체를 덮고 있다. 몸높이가 비교적 높다. 머리는 크나 눈은 작다.

용치놀래기

분 포

우리나라 전 연안, 일본, 동중국해, 필리핀

서식지

내만성 어류로 주로 연안이나 내만의 암초지대나 그 부근의 해초 사이에 서식한다.

형 태

몸은 다소 긴 편으로 측편되며 주둥이는 뾰족하다. 입은 작고 양 턱에는 2~4개의 송곳니가 있으며 그중 위턱 중앙부의 송곳니가 가장 크다. 꼬리지느러미의 뒤끝 가장자리는 둥글다.

사랑놀래기

분 포

우리나라 남해, 일본 중부이남, 태평양, 인도양, 호주

서식지

온대성 어종으로 주로 연안의 돌이나 암초 사이에 서식한다.

형 태

몸은 약간 길고 측편하며 주둥이는 길고 앞끝이 뾰족하다. 양 턱에는 2줄의 이빨이 있으며 바깥쪽 이빨은 원뿔니모양이고 윗턱의 뒷끝에는 큰 송곳니가 있다. 비늘은 둥근비늘로서 크고 등쪽은 눈의 위쪽에서부터 비늘이 덮여있다.

어렝놀래기

분 포

우리나라 남해, 일본, 서태평양, 인도양

서식지

해조류가 무성한 암초지대에 주로 서식한다.

형 태

몸은 긴 타원형으로 측편되고 머리는 눈 위부분에서 다소 오목하다. 양턱은 거의 같은 길이이며 앞쪽에 2줄, 뒤쪽에 1줄의 이빨이 줄지어 있으며 뒤쪽의 이빨은 송곳니이다. 등지느러미의 1, 2번째 가시의 지느러미막은 길며 수컷의 경우 그 길이가 더 길다. 비늘은 몹시 크고 뺨과 아가미뚜껑에도 비늘이 있으며 옆줄은 등지느러미 뒷부분 연조의 아래에서 배쪽으로 급히 구부러져 있다.

황놀래기

분 포

우리나라 전 연안, 일본 중부이남

서식지

내만의 해조류가 많은 얕은 암초지대에서 서식하는 소형종과 외양에 면해있는 깊은 곳의 암초지대에서 서식하는 대형종으로 서식장소에 따라 크게 나누어진다.

형 태

몸은 약간 길고 측편하며 주둥이는 돌출하고 그 끝이 뾰족하다. 양 턱의 이빨은 앞쪽에 2줄, 뒤쪽에 1줄이며, 안쪽 이빨은 작고 바깥쪽 이빨은 뒤로 구부러져 있다. 뺨에는 4줄의 비늘이 있고 옆줄은 완전하다.

날쌔기

분 포

우리나라 남해, 일본 남부해, 황해, 동중국해 및 태평양 동부를 제외한 전 세계의 온대, 열대 해역에 광범위하게 분포

서식지

따뜻한 바다의 중층 또는 표층에 주로 서식한다.

형 태

몸은 가늘고 긴 방추형으로 머리는 납작하여 폭이 넓은 편이며 주둥이는 뾰족하다. 아래턱은 위턱보다 돌출되고 양 턱에는 폭이 넓고 날카로운 융털모양의 이빨 띠가 있다. 등지느러미 가시는 짧고 단단하며 지느러미막이 없이 각각 분리되어 있다. 등지느러미 가시 뒤쪽에 각각 홈이 있어 그 속에 가시를 눕힐 수 있다. 제2등지느러미와 뒷지느러미의 기저는 길다. 꼬리지느러미는 갈라져 있으며 위쪽 끝부분이 아래쪽 보다 약간 길다. 몸은 작은 둥근비늘로 덮여있다.

범돔

분 포

우리나라 전 연안, 일본 중부 이남, 동중국해, 중 · 서부태평양

서식지

연안의 얕은 바다로 바닥이 모래, 자갈 또는 암초지대인 곳에 주로 서식하며, 어릴 때는 조간대 수심 0.2~1.8m의 얕은 곳에서도 서식한다.

형 태

몸은 약간 둥근 편으로 측편하며 눈 위 부분은 약간 움푹 들어가 있다. 양 턱의 이빨은 가늘고 긴 편으로 밀접한 이빨 띠를 형성하여 솔모양이다. 등지느러미 가시부의 막은 깊게 패여 있다. 등지느러미와 뒷지느러미의 가시는 짧은 편이며, 연조부는 비늘로 덮여있다. 배지느러미 뒤끝은 항문에 거의 도달하며 꼬리지느러미 뒤끝은 약간 오목하다. 비늘은 빗비늘이다.

벵에돔

분 포

우리나라 남해, 일본 중부이남, 대만, 동중국해

서식지

연안성으로 연안 가까운 약간 깊은 암초 사이 또는 자갈지대의 해조류가 무성한 곳에 주로 서식한다.

형 태

몸은 타원형으로 측편하며 주둥이는 짧고 그 앞 끝은 둔하다. 입은 작고 양 턱은 거의 같은 길이이며 양턱의 이빨은 폭 넓은 융털모양의 이빨 띠를 형성(1~4열, 보통 2열)하고 가장 바깥쪽 이빨은 송곳니모양이다. 꼬리자루는 다소 높은 편이다. 꼬리지느러미의 뒤끝은 오목하게 패여 있고, 그 양쪽 끝은 뾰족하다.

눈볼대

분 포

우리나라 서남부해, 일본 북해도 이남해역, 동중국해, 홍해

서식지

우리나라 남해안 및 대마도 근해 수심 80~150m에 널리 서식하며, 서식 수온은 10~20℃ 사이로 가을~겨울철에 비교적 깊은 바다에서 살다가 봄이 되면 수심이 얕은 연안으로 이동한다.

형 태

몸은 긴 타원형으로 측편한다. 눈은 커서 눈지름은 주둥이 길이보다 긴 편이다. 입은 크고 위턱의 뒤끝이 눈 중앙의 아래까지 도달하며 아래턱이 위턱보다 돌출한다. 양 턱의 앞쪽에 1쌍의 송곳니가 있으며 아래턱 옆쪽으로도 송곳니가 있다. 등지느러미는 1개로서 가시부와 연조부 사이가 깊게 패여 있다. 가슴지느러미는 길어서 그 뒤끝이 뒷지느러미 시작부분까지 도달한다. 비늘은 큰 빗비늘로서 탈락하기 쉬우며 양 턱에도 비늘이 있다.

감성돔

분 포

우리나라 서 · 남해, 일본 북해도 이남, 발해, 황해, 동중국해

서식지

수심 50m 이내인 바닥이 해조류가 있는 모래질이거나 암초지대인 연안에 주로 서식한다.

형 태

몸은 타원형으로 측편하며 주둥이는 약간 돌출한다. 양 턱의 앞쪽에는 각각 3쌍의 앞니 모양의 송곳니가 있고 그 뒤쪽에는 어금니가 발달하여 위턱의 옆쪽으로 4~5줄, 아래턱에는 3~4줄이 있다. 비늘은 빗비늘이며 두 눈 사이와 아가미뚜껑 아래부분에 비늘이 없다. 등지느러미 가시부 기저 중앙에서 옆줄까지의 비늘수가 6~7개로 다른 종과 구별된다. 등지느러미 가시는 비교적 짧고 두꺼운 것과 가는몸 빛깔은 금속 광택을 띤 회흑색으로 배쪽은 연하다.

황돔

분 포

우리나라 중 · 남부해, 동중국해, 일본 중부이남 해역의 대륙붕 가장자리

서식지

저서 정착성 어류로서 여름철에는 약간 얕은 곳으로 겨울철에는 깊은 곳으로 이동한다.

형 태

몸의 형태는 둥근 편이며 눈 앞부분은 약간 돌출되고 특히 수컷이 더 많이 돌출되어 있다. 가슴지느러미 끝 부분은 뒷지느러미가 시작되는 부분보다 더 뒤쪽까지 뻗어 있다. 양 턱의 옆쪽에는 강한 원뿔니가 1줄로 줄지어 있고 그 안쪽으로 여러 줄의 좁쌀모양의 작은 어금니가 있으며 위턱 앞쪽에 2쌍, 아래턱 앞쪽에 3쌍의 송곳니가 있다.

참돔

분 포

우리나라 전 연근해, 발해만, 동중국해, 남중국해, 대만 근해

서식지

산란기 외에는 바깥바다의 대륙붕 수심 30~150m인 암초지대에 주로 서식한다.

형 태

몸의 형태는 타원형으로 등의 외곽이 올라가 있으며 측편한다. 양 턱의 옆쪽으로 2줄의 큰 어금니가 줄지어 있으며 위턱 앞쪽에는 2쌍, 아래턱 앞쪽에는 3쌍의 송곳니가 있다. 등지느러미 가시는 강하고 뺨에는 6~8줄의 비늘이 있다. 꼬리지느러미 끝 가장자리는 검은 색을 띤다.

붉돔

분 포

우리나라 전 연안, 일본 북해도 이남, 동중국해, 필리핀

서식지

저서성 어류로서 근해의 약간 깊은 곳에서 주로 서식한다.

형 태

몸은 타원형으로 측편하며 머리 위부분은 약간 급한 경사를 이루고 두 눈 사이는 융기되어 있다. 위턱 앞부분에 2쌍, 아래턱에 3쌍의 송곳니가 있으며, 그 옆쪽으로 2줄의 어금니가 각각 있다. 등지느러미 3, 4번째 가시는 가늘고 약간 길게 뻗어있다.

황줄돔

분 포

우리나라 남해, 일본 중부이남, 동중국해, 필리핀

서식지

제주도 남방 해역에서 대만 북부 해역에 이르는 바닥이 조개껍질이나 펄질이 섞힌 모래질인 곳으로 수심 80m 이상되는 곳에 주로 서식한다.

형 태

몸은 거의 삼각형으로 체고가 매우 높고 측편한다. 주둥이에서 등지느러미 기부까지는 경사가 매우 심하며 눈의 위, 아래 부분에서 약간 오목하다. 주둥이는 돌출하고 입은 작으며 입술은 약간 두툼한 편이다. 아래턱 앞부분에 짧은 융털모양의 수염이 많이 나있다. 양 턱의 이빨은 폭넓은 이빨 띠를 형성하며 이중 가장 바깥쪽의 이빨은 크고 송곳니 모양이다. 등지느러미의 1, 2번째 가시는 매우 짧고 3, 4번째 가시는 매우 길며 특히 3번째 가시가 두껍고 단단하며 가장 길지만 가장 긴 연조보다는 약간 짧다. 배지느러미 가시와 뒷지느러미 두 번째 가시는 단단하고 크다.

쌍동가리

분 포

우리나라 서 · 남해, 일본 남부해, 동중국해, 대만

서식지

바닥에 조개껍질이 많이 섞인 뻘 · 모래 바닥을 좋아하며, 수심 100~150m 되는 곳에 서식한다.

형 태

몸은 길다란 원통형이며 머리는 약간 납작하고 꼬리자루 부분은 측편한다. 양 턱의 길이는 거의 같으며 양 턱의 이빨은 여러 줄로서 그중 바깥쪽 이빨이 크다. 등지느러미 가시는 뒤쪽으로 갈수록 길어지지만 연조보다는 짧다. 등 · 뒷지느러미의 기저는 길고, 뒷지느러미는 등지느러미 제5번째 연조 아래에서 시작된다. 배지느러미는 길고 뒤끝은 뾰족하며 꼬리지느러미 뒤끝은 둥글다.

칠색동가리

분 포

우리나라 남해와 제주도, 일본남부, 동해, 대만 중국 등에 분포

서식지

대륙붕~대륙사면의 수심 100m 이내의 사니질에 주로 서식한다.

형 태

몸은 통통하고 타원형으로 뒤쪽으로 갈수록 측편한다. 양 턱은 비슷하나 아래턱이 약간 돌출하며 턱의 뒤끝은 눈의 앞 가장자리에 달한다. 양 턱에는 섬모상의 이빨이 나 있고 맨 바깥쪽에는 송곳니 형태이며 입천정에도 이빨이 나 있다. 등지느러미는 가슴지느러미 기부 또는 그보다 약간 뒤쪽에서 시작한다. 등지느러미 가시는 5개로 뒤쪽으로 갈수록 점점 길어지며, 등지느러미의 가시와 줄기 사이가 깊게 패인 곳은 없다. 몸 전체는 빗비늘로 덮여있으나 양 눈 사이, 주둥이, 입술, 목구멍 주위, 아가미 뚜껑 아래 부분 등은 비늘이 없다.

열쌍동가리

분 포

우리나라 남부연안, 일본 중부이남, 동중국해, 대만

서식지

연안성 어종으로 제주도 주변 해역 수심 90~145m 되는 바닥이 조개껍질이나 펄 등이 많이 섞힌 모래질에 주로 서식한다.

형 태

몸은 긴 편으로 원통형이며 꼬리자루는 측편한다. 양 턱의 길이는 거의 같고 위턱의 뒤끝은 눈의 중앙 아래까지 도달한다. 양 턱의 앞쪽에는 폭넓은 이빨 띠가 형성되어 있으며 바깥쪽 이빨이 크다. 등지느러미 가시는 뒤쪽으로 갈수록 길지만 연조보다는 짧다. 꼬리지느러미 뒤끝부분은 둥글다. 주둥이 부분을 제외하고는 빗비늘로 덮여있다.

보리멸

분 포

우리나라 전 연안, 일본 북해도 이남, 대만, 필리핀, 호주, 인도, 동아프리카

서식지

내만성 어류로서 난류의 영향을 받는 해안 가까이의 모래 위에 주로 서식한다.

형 태

몸은 가늘고 길며 앞부분은 약간 원통형이지만 뒷부분은 측편한다. 주둥이는 길고 뾰족하며 입은 작다. 위턱이 아래턱보다 길며 양 턱에는 융털 모양의 좁은 이빨 띠가 있다. 등지느러미는 2개이며, 제 2등지느러미는 뒷지느러미와 거의 대칭을 이룬다. 꼬리지느러미 뒤끝은 거의 수직형이며, 옆줄은 뚜렷하다. 옆줄 위쪽으로는 5~6줄의 비늘이 있으며 두 눈 사이의 비늘은 둥근비늘이다.

청보리멸

분 포

우리나라 전 연안, 일본, 황해, 동중국해

서식지

내만이나 연안의 바닥이 모래나 펄질인 곳에 주로 서식하며, 낮에는 바닥에서 5~6cm 떨어진 곳에 가장 많고 40m 이상에는 거의 서식하지 않는다.

형 태

몸은 긴 편이며, 앞쪽은 둥글고 뒤쪽은 측편한다. 머리는 약간 길며 주둥이도 긴 편으로 앞쪽은 가늘고 뾰족한 편이다. 입은 작고 비스듬하며 위턱이 아래턱보다 길고 양 턱에는 이빨이 있다. 등지느러미에서 옆줄까지의 가로줄 비늘수는 3~4개이다. 등지느러미는 2개로서 제 2등지느러미와 뒷지느러미는 거의 같은 모양 같은 크기이다. 꼬리지느러미 뒤끝 가장자리는 다소 오목하다. 두 눈 사이와 뺨에는 둥근비늘도 섞여 있지만 대부분 빗비늘로 덮여있다.

연어병치

분 포

우리나라 남해, 일본 북해도 이남, 동중국해, 서태평양

서식지

어릴 때는 떠다니는 해조류 아래에 서식하다가 성어가 되면 수심 100m 이상 되는 깊은 곳에서 주로 서식한다.

형 태

몸은 긴 타원형으로 측편되며 약간 둥글고 긴 편이다. 눈은 크고 주둥이는 짧으며 앞쪽이 둥글다. 위턱의 뒤끝은 눈의 앞 가장자리까지 도달하고 양 턱의 이빨은 작고 1줄이다. 등지느러미 가시는 짧고 약하며 뒷지느러미 가시는 피부에 묻혀 있다. 배지느러미는 약간 작고 몸 빛깔은 등쪽은 회색을 띤 청색이며 배쪽은 회백색이다. 비늘은 둥근비늘로 작으며, 아가미뚜껑 부분을 제외한 머리부분에는 비늘이 없다. 옆줄은 앞부분은 약하게 구부러져 있으나, 제2등지느러미 중앙보다 약간 뒤쪽 아래에서는 거의 직선상으로 꼬리지느러미에 도달한다.

샛돔

분 포

우리나라 남 · 서해, 일본 남부해, 동중국해

서식지

제주도 남방 해역에서 대만북부 해역에 걸쳐 주로 저층에 서식하나, 밤에는 표층으로 떠올라 회유한다.

형 태

몸은 타원형으로 매우 측편되며 체고는 높다. 주둥이는 짧고 둔하며 양턱에는 작은 이빨이 있다. 등지느러미는 1개로서 가시부의 발달이 나쁘고 연조부와의 경계에 패인 부분이 없다. 비늘은 둥근비늘로서 탈락되기 쉬우며 피부는 얇아 근절이 뚜렷이 나타난다. 등지느러미와 뒷지느러미의 기저 길이는 길고 거의 같은 모양이며 가슴지느러미 뒤끝 부분은 뾰족하다.

까나리

분 포

우리나라 전 연안, 일본, 알라스카

서식지

냉수성, 연안성 어류로서 바닥이 모래질인 내만이나 연안에서 무리를 지어 생활하고, 수온15℃이상 되면 모래 속에 들어가 여름잠을 잔다.

형 태

몸은 가늘고 길며 원통형이다. 주둥이는 뾰족하며 배지느러미가 없다. 입은 크고 아래턱이 위턱보다 길며 이빨이 없다. 비늘은 매우 작은 둥근비늘이다. 빛깔은 등쪽은 녹갈색 또는 청색이며 배쪽은 은백색이다. 등지느러미 기저는 매우 길어 가슴지느러미 중앙부근의 위쪽에서 시작하여 꼬리자루까지 이어져 있다.

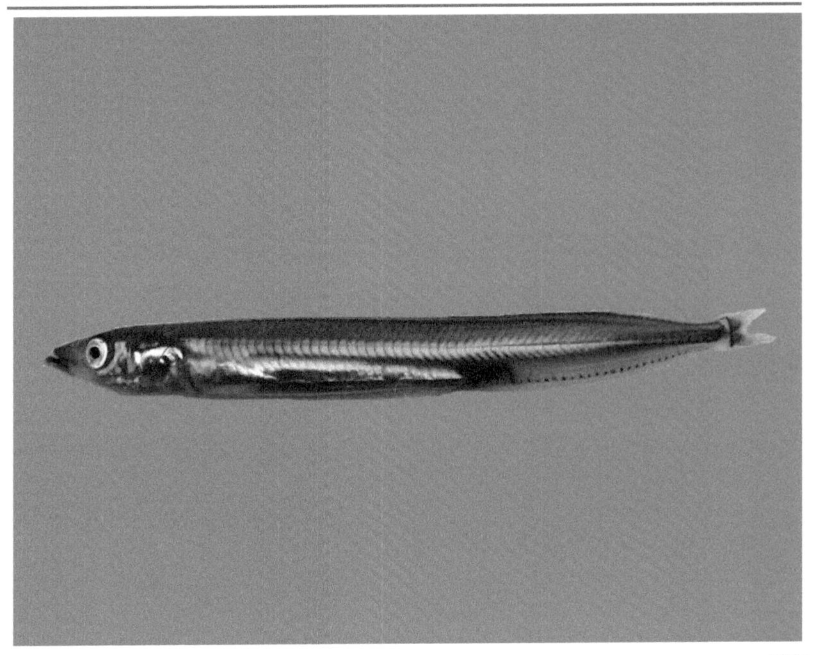

달고기

분 포

우리나라 남부해, 일본 혼슈이남, 동중국해, 인도양, 중 · 서부 태평양, 동부 대서양

서식지

제주도 동방 해역에서 대만 북부에 걸쳐 수심 70~140m의 대륙붕 가장자리인 해역으로 조개 부스러기나 뻘이 섞인 모래 바닥에 주로 서식한다. (식성) 먹이생물로서 80~90% 유영성 동물(어류, 오징어류)이며, 나머지가 저서성 동물이고, 산란 직후인 4~6월에 왕성한 식욕을 보이다가 7월 이후 낮아진다.

형 태

몸은 타원형으로 매우 측편하고 체고가 높다. 머리위쪽 가장자리는 오목하지 않고 거의 일직선으로 비스듬하다. 등지느러미 연조부 기저에 5~7개, 뒷지느러미 기저에 6~7개의 단단한 가시모양의 골질돌기가 있으나 등지느러미 가시부 기저에는 없다. 입은 크고 수직형으로 위로 향해 있으며 위턱은 신출이 가능하다. 등지느러미 가시부의 지느러미 막은 실모양으로 길게 연장되어 있다. 몸 전체에 작은 둥근비늘이 덮여있다.

민달고기

분 포

우리나라 남부해, 일본 남부해, 동중국해, 대만, 중 · 서부 태평양

서식지

제주도 동방해역에서 남쪽으로 대륙붕 가장자리를 따라 바닥에 조개 부스러기가 섞힌 모래질인 수심 200m 이상인 곳, 달고기보다 더 깊은 저질에 산다.

형 태

몸은 타원형으로 매우 측편하고 체고가 높다. 머리의 위쪽 가장자리는 눈의 위 부분에서 오목하게 패여 있다. 입은 크고 수직형으로 위로 향해 있으며 위턱은 신축이 가능하다. 등지느러미 가시부와 배지느러미는 길며 특히 등지느러미 가시부분의 지느러미 막은 실처럼 길게 연장되어 있다. 등지느러미 가시부분의 기저에 5~6개, 연조부 기저에 5~7개, 뒷지느러미 기저에 7~9개, 아가미구멍과 배지느러미 사이에 3개, 배지느러미와 뒷지느러미 사이에 6~8개의 단단한 가시모양의 골질돌기가 있다.

명태

분 포

우리나라 동해, 오호츠크해, 베링해, 북태평양

서식지

냉수성 어류로서 수심 50~450m 되는 수층에서 수컷은 중층, 암컷은 저층에서 떼를 지어다니며 생활한다.

형 태

몸은 가늘고 길며 측편되어 있다. 입은 크고 위턱은 아래턱보다 짧으며 양 턱의 이빨은 거의 같은 크기이다. 아래턱에는 1개의 짧은 수염이 있다. 항문은 제 1등지느러미와 제 2등지느러미 사이에 있다. 등지느러미는 3개, 뒷지느러미는 2개이며 꼬리지느러미 뒤 끝 가장자리는 수직형이다.

대구

분 포

우리나라 동 · 서해, 오호츠크해, 베링해

서식지

수온 5~12℃ 되는 수심 45~450m 되는 깊은 바다에 떼를 지어 살며, 야행성으로 낮에는 바닥에 몸을 숨긴다.

형 태

몸의 형태는 앞쪽부분이 두툼하고 뒤쪽으로 갈수록 가늘어지며 약간 측편되어 있다. 머리와 입이 크며 위턱이 아래턱보다 더 앞쪽으로 튀어나와 입을 다물면 아래턱을 감싸는 형상을 하고 있다. 주둥이는 둔하고 아래턱에는 1개의 수염이 있으며 그 길이는 눈지름과 비슷하다. 등지느러미는 3개, 뒷지느러미는 2개이며, 꼬리지느러미 뒤 가장자리는 수직형이다. 배지느러미, 뒷지느러미 및 꼬리지느러미의 끝 가장자리는 희다. 비늘은 둥근비늘이며 작다. 제 1뒷지느러미 시작부분은 제2등지느러미 시작부분보다 더 뒤쪽에 있다.

꽁치

분 포

우리나라 동 · 남해, 일본에서 미국 연안에 이르는 북태평양 해역

서식지

우리나라에 회유해 오는 어군은 동해계군으로 겨울에는 동중국해와 오키나와 부근에서 월동하다가 봄이 되면 동해안 연안으로 몰려와 산란하고, 일부 어군은 더욱 북쪽으로 이동하였다가 가을이 되면 다시 남쪽으로 이동하여 월동한다.

형 태

몸의 형태는 가늘고 긴 편으로 측편하고 눈은 작고 머리의 중앙부에 위치한다. 양 턱은 짧고 단단하며 또 뾰족한 편으로 아래턱이 위턱보다 더 앞쪽으로 돌출한다. 등지느러미와 뒷지느러미는 몸의 뒤쪽에 위치하며 가슴지느러미는 작고 배지느러미는 몸의 중앙 배쪽에 위치한다. 등지느러미와 뒷지느러미 뒤쪽에는 각각 5~7개, 6~7개의 토막지느러미가 있다. 옆줄은 몸의 복부쪽에 치우쳐서 뻗어 있다.

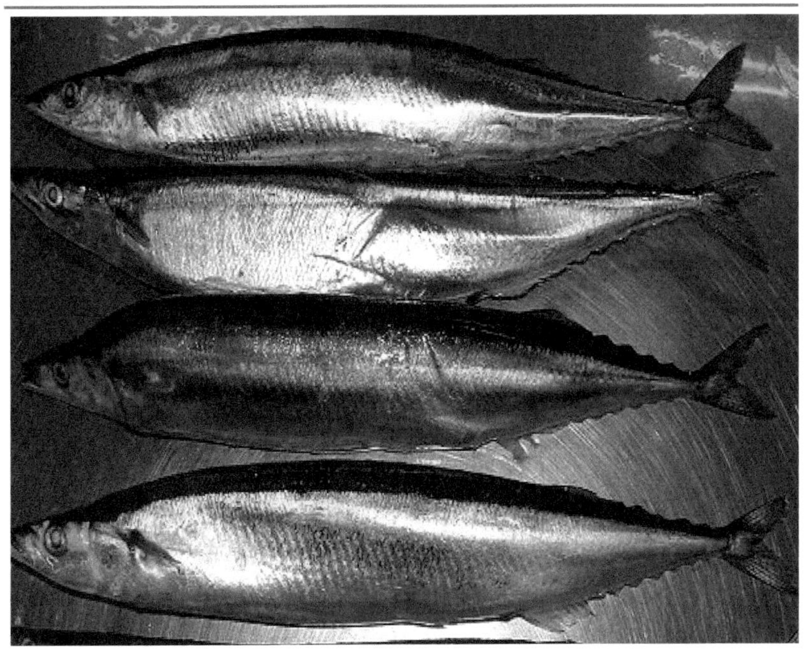

동갈치

분 포

우리나라 전 연안, 일본 북해도 이남, 연해주, 중국

서식지

연안성 어종으로서 수면 가까이에서 주로 서식한다.

형 태

몸은 가늘고 긴 띠 모양으로 측편한다. 주둥이는 가늘고 길게 뻗어 있으며, 콧구멍은 삼각형이다. 양 턱은 완전히 닫혀지지 않으며 양 턱에 약간 가는 이빨이 있다. 등 · 뒷지느러미는 몸 뒤쪽에 위치하며 뒷지느러미가 등지느러미보다 약간 앞쪽에서 시작된다. 꼬리지느러미 뒤끝 가장자리는 수직형이거나 약간 오목하다.

날치

분 포

우리나라 중부이남, 일본 남부해

서식지

연안 및 근해의 표층 ~30m층 사이에 주로 서식한다.

형 태

몸은 가늘고 길며, 방추형이고 입은 작다. 가슴지느러미는 매우 커서 그 뒤끝이 등지느러미보다 더 뒤쪽에 위치하며 1 · 2번째 연조는 갈라져 있지 않다. 배지느러미는 배부분의 중앙에 위치한다. 뒷지느러미는 등지느러미의 3번째 연조 아래에서 시작되고 꼬리지느러미는 반달모양이다.

특 징

가슴 · 배지느러미를 이용하여 한번에 수십 미터를 날며 물에 내릴 때는 꼬리지느러미가 먼저 수면에 닿는다.

학공치

분 포

우리나라 전 연안, 일본 연안, 대만

서식지

큰 이동은 없지만 수온의 계절적 변화가 심한 해역에서는 봄~여름에 북쪽으로, 가을~겨울에 남쪽으로 이동한다. 연안과 내만의 표층에 떼를 지어 다니며 가끔 수면 위로 뛰어 오르는 습성이 있다.

형 태

몸은 가늘고 길며 약간 측편되고 아래턱은 길게 돌출한다. 등지느러미와 뒷지느러미는 몸의 뒤쪽에 위치하여 마주보며 각 기저 길이도 비슷하다. 주둥이는 등쪽에서 보면 3각형이며 그 길이와 폭이 비슷하고 비늘로 덮여있다. 배지느러미는 아가미구멍 위끝과 꼬리지느러미 기저와의 중앙보다 약간 앞쪽에 위치한다.

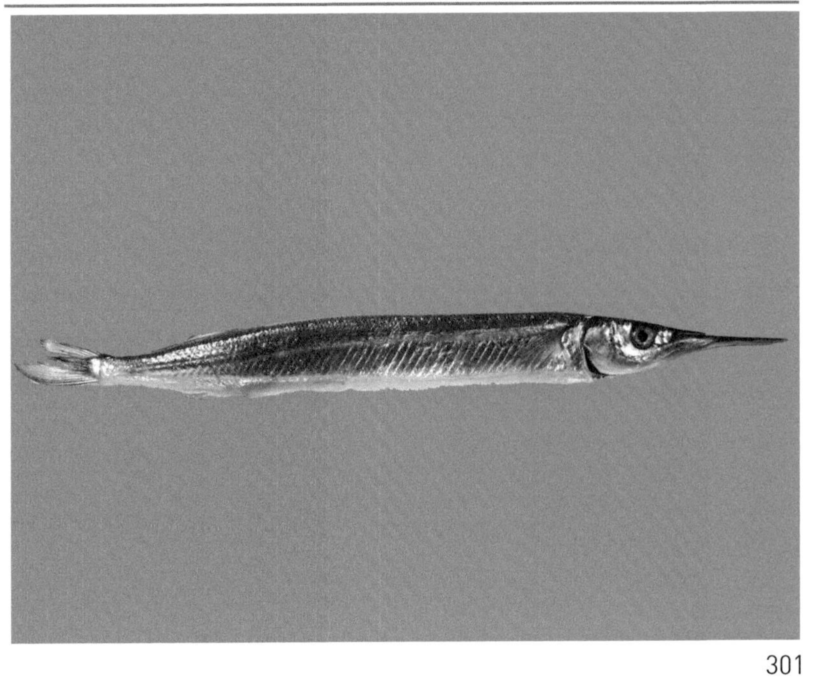

쏠종개

분 포

우리나라 남해, 일본 중부이남, 인도양, 홍해

서식지

연안 얕은 곳의 암초 사이나 바위 밑의 해조류가 무성한 곳에 주로 서식하며, 낮에는 어두운 곳에 숨어 있다가 밤에 먹이를 찾아 나오고 어릴 때는 떼를 지어 연안 얕은 곳 바위 밑에서 생활한다.

형 태

몸은 가늘고 길며 머리는 납작하고 위쪽으로 갈수록 가늘고 측편된다. 주둥이는 둥글고 눈은 작으며 입가에는 4쌍의 수염이 있다. 위턱의 이빨은 끝이 둔한 원뿔니 모양이고 아래턱의 이빨은 원뿔니와 어금니가 서로 섞여 있다. 등지느러미는 2개로서 제 1등지느러미의 기저는 짧고 1개의 가시가 있다. 제 2등지느러미와 뒷지느러미의 기저는 길고 꼬리지느러미와 합쳐져 있다.

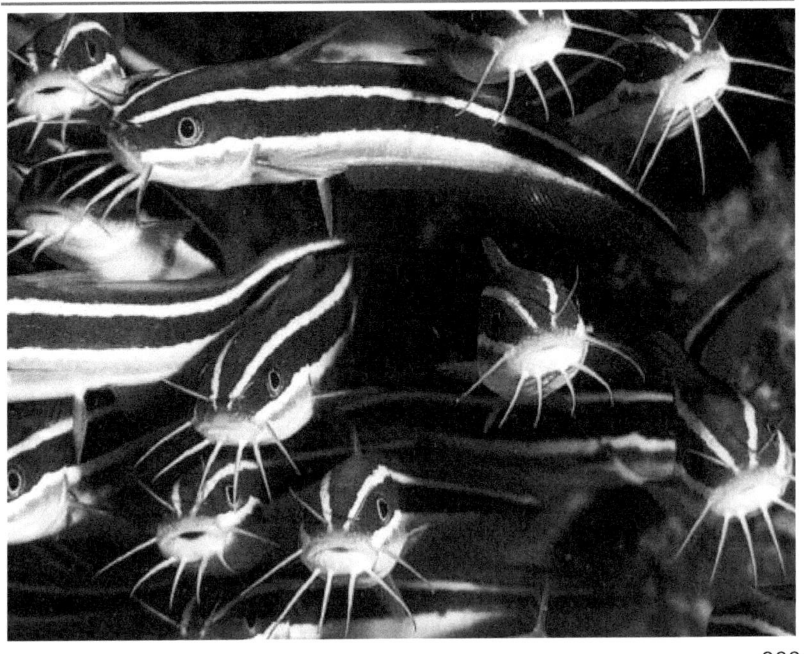

샛멸

분 포

우리나라 남해 및 동해남부 해역, 일본 남부해

서식지

심해성 어종으로 바닥이 모래나 펄질인 수심 70~200m의 대륙붕 가장자리에서 서식한다.

형 태

몸은 원통형으로 가늘고 길며 기름지느러미가 있다. 위턱에는 이빨이 없으며 아래턱에는 안쪽에 미세한 원뿔니가 1줄 있다. 입은 약간 크고 아래턱이 위턱보다 돌출한다. 등지느러미는 몸의 중앙보다 약간 앞쪽에 위치하며 그 기저 길이는 뒷지느러미 기저 길이보다 길다. 비늘은 둥근 비늘로서 탈락하기 쉬우며 머리부분은 비늘이 없다.

객주리

분 포

우리나라 남해, 일본 중부이남, 동중국해, 전 세계의 온대 및 열대 해역

서식지

제주도 남방해역에서 대만북부 해역에 이르는 대륙붕 가장자리의 얕은 바다에서 주로 서식한다.

형 태

몸은 긴 타원형으로 매우 측편되며 꼬리자루는 길다. 이빨은 폭이 넓고 변두리는 불쑥 들어 갔으며 아래턱 중앙의 한 쌍이 뾰족하게 나와 있다. 가늘고 긴 등지느러미 가시가 눈의 바로 위 등쪽에 위치한다. 어릴 때는 배지느러미 가시가 있으나 성어가 되면 없어진다. 꼬리지느러미 길이는 머리 길이보다 짧고 그 뒤끝은 거의 수직형이다.

말쥐치

분 포

우리나라 전 연안, 일본 연안, 중국 연안, 황해, 동중국해

서식지

제주도 동방 해역~동중국해의 남부 해역까지 수심 70~100m 수층에서 무리를 지어 광범위하게 서식한다.

형 태

몸은 긴 타원형으로 측편되며 수컷은 암컷보다 체고가 낮다. 주둥이는 길고 수컷은 그 위 부분이 융기되나 암컷은 직선이거나 약간 오목하다. 이빨은 앞니모양이며 옆줄은 없다. 등지느러미는 2개로서 서로 떨어져 있고, 배지느러미의 가시는 움직일 수 없는 1개의 가시로 되어 있다. 비늘은 미세한 융털모양으로 손으로 만지면 꺼칠꺼칠하다. 등지느러미의 가시는 눈 중앙위보다 약간 뒤쪽에 위치하며 가늘고 긴 편이다.

쥐치

분 포

우리나라 전 연안, 일본 북해도이남, 동중국해, 대만

서식지

온대성 어류로서 수심 100m 이내의 바닥이 모래질인 곳에 무리를 지어 서식한다.

형 태

몸은 타원형에 가깝고 측편되며 체고가 높다. 주둥이는 뾰족하고 꼬리자루는 짧으며 머리 높이는 머리 길이보다 훨씬 높다. 수컷의 경우 등지느러미 2 번째 연조가 실처럼 길게 뻗어 있어 이것으로 암수 구별이 가능하다. 등지느러미의 1번째 가시는 눈의 뒤쪽 위에서 시작되고 짧은 편이다. 배지느러미 가시는 작고 거칠며 눕힐 수 있다.

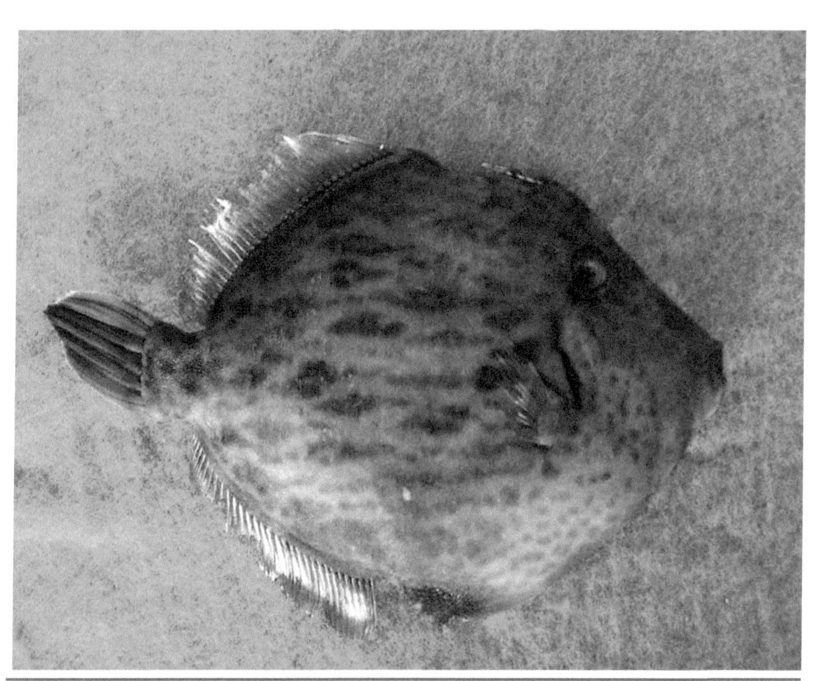

날개쥐치

분 포

우리나라 남해, 일본 중부이남, 전 세계의 온대 및 열대 해역

서식지

난해성 어류로 연안의 따뜻한 해역에 주로 서식하며, 해조류를 이용하여 자신의 몸을 숨기는 습성이 있어 머리를 밑으로 쳐 박고 거꾸로 서 있으면 해조류와 구별하기가 힘들다.

형 태

몸은 긴 타원형으로 매우 측편하고 주둥이는 길며 그 등쪽은 완만하게 들어가 있다. 등지느러미 가시는 눈의 바로 몸 빛깔은 성장에 따라 변화가 심하지만 성어가 되면 연한 회색바탕에 눈동자 크기의 암청색 반점이나 물결 무늬들이 몸 전체에 흩어져 있다. 첫 번째 가시는 가늘고 길며 약하다. 꼬리지느러미는 머리 길이보다 길고 그 뒤끝 가장자리는 둥글다. 꼬리자루는 약간 짧아 그 길이가 꼬리자루 높이보다도 짧다.

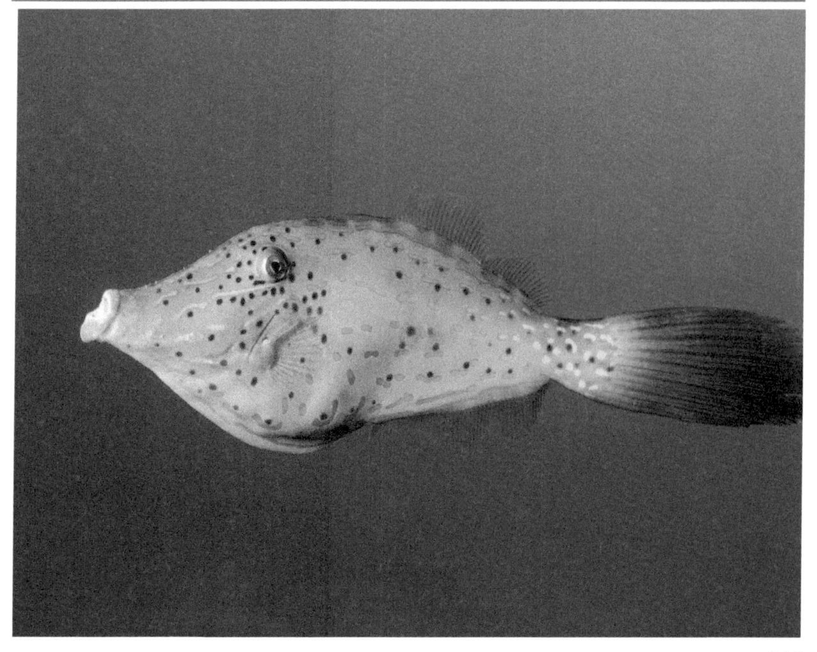

개복치

분 포

우리나라 전 연안, 일본 북해도 이남, 세계의 온대 및 열대 해역

서식지

온대성 어류로 보통 바다의 중층에서 헤엄쳐 다니지만 하늘이 맑고 파도가 없는 조용한 날에는 바다 표면에 떠올라 등과 등지느러미를 물 위에 내 놓고 아주 천천히 헤엄친다. 연안 가까이는 잘 나타나지 않는다.

형 태

몸은 타원형으로 매우 측편한다. 눈과 입 및 아가미구멍은 매우 작다. 등지느러미와 뒷지느러미는 몸 뒤쪽에 위치하며 서로 마주보며 높이가 높다. 꼬리지느러미가 변형되어 키지느러미를 형성하며 이 키지느러미는 12연조로 이중 8~9연조가 골판을 가지고 있다. 가슴지느러미는 작고 둥글다. 배지느러미가 없다. 양 턱의 이빨은 새의 부리모양이고 매우 단단하다.

거북복

분 포

우리나라 남해, 일본 중부이남, 동중국해, 대만, 필리핀

서식지

대륙붕 가장자리에 주로 서식한다.

형 태

몸은 6각형의 비늘판으로 대부분 덮여 있다. 몸의 단면은 4각형이다. 배갑(背甲)의 정중선을 뻗는 융기는 없지만 배갑의 양쪽을 따라 뻗는 융기는 둥근맛을 띤다. 입은 작고 입술은 두툼하다. 골질판에는 가시가 없다. 배지느러미도 없다. 뒷지느러미는 등지느러미보다 더 뒤쪽에서 시작한다.

가시복

분 포

우리나라 전 연안, 일본, 세계의 온대 및 열대 해역

서식지

봄~여름에 걸쳐 쿠로시오 난류를 따라 북상하여 가을~봄에 큰 무리를 이루어 연안으로 몰려온다.

형 태

몸은 굵고 짧은 편이나 비늘을 팽창시키면 밤송이 모양으로 된다. 몸에는 움직일 수 있는 단단하고 긴 가시들이 많이 나 있으나 꼬리자루의 등쪽에는 가시가 없다. 콧구멍은 등쪽과 옆쪽에 각각 1개씩 있다. 눈은 크고 주둥이는 짧으며 그 양쪽은 둔한 편이다. 양 턱니는 각각 1개씩 유합된 이빨로 되어 있고 중앙에 봉합부가 있다. 등지느러미와 뒷지느러미는 몸의 뒤쪽에 위치하고 서로 마주 보고 있으며 흑색 반점이 없다.

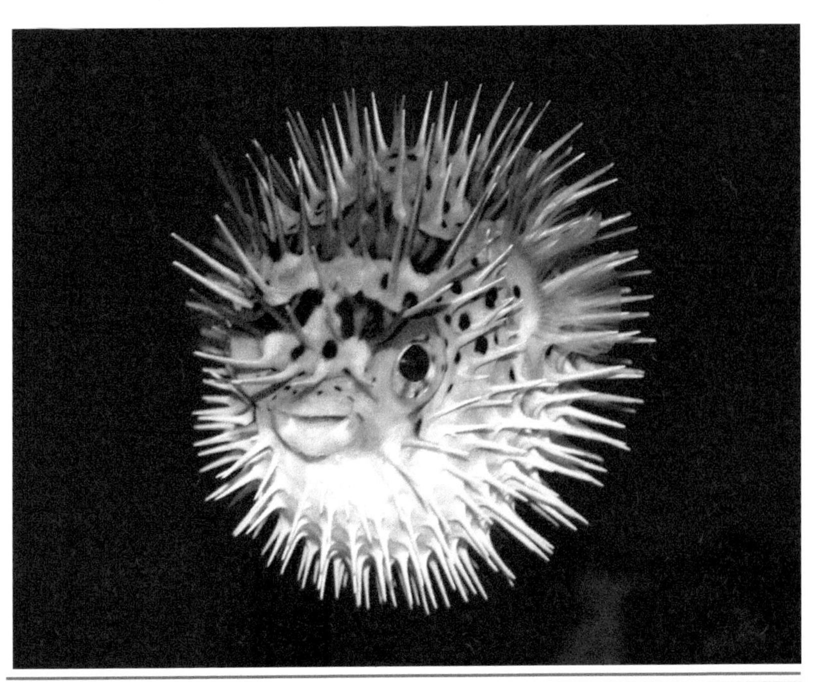

은밀복

분 포

우리나라 남해, 일본, 중국, 대만

서식지

다소 연안성 어종으로 주로 중층해역에 주로 서식한다.

형 태

몸은 긴 방추형이며 꼬리지느러미 뒤끝 중앙은 오목하게 들어가 있다. 눈은 약간 크다. 주둥이는 둥글고 입은 작다. 등쪽은 가슴지느러미 뒤끝 위 부분까지만 작은 가시가 덮여 있으며 배부분에도 작은 가시가 분포하고 있다. 등지느러미와 뒷지느러미는 몸의 뒤쪽에서 서로 마주보며 기저부분은 약간 융기되어 있다.

흑밀복

분 포

우리나라 남해, 일본 북해도 이남, 동중국해, 남중국해, 서태평양, 인도양

서식지

제주도 남방 해역에서 대만 북부 해역에 이르는 대륙붕 가장자리로서 수심 100~200m되는 중층에 주로 서식한다.

형 태

몸은 원통형에 가깝고 약간 가늘고 긴 편이다. 가시가 등쪽은 콧구멍에서 가슴지느러미 뒤끝의 위부분까지 배쪽은 목부분에서 항문 앞까지 작은 가시가 있다. 눈은 약간 크고 주둥이는 둥글며 입은 작다.

검복

분 포

우리나라 전 연안, 일본 북해도 이남, 황해, 동중국해

서식지

서해안의 경우 여름철 서해 연안에서 서식하던 무리는 9~10월이 되면 황해 중부로 이동하고 그 후 계속 남하하여 12~1월에 제주도 부근에 도달하여 월동하고 일부는 대마도 주변 해역까지 이동하며 봄이 되면 북상한다. 동해안의 경우 여름철에 동해 전역에서 광범위하게 분포하고 있다가 수온이 내려가는 9월 이후 남쪽으로 이동하여 우리나라 동해 남부 연안과 일본 연안에서 겨울철 월동한다.

형 태

피부는 매끄러우며 작은 가시가 없다. 입은 작고 이빨은 좌우 이빨이 밀착되어 새의 부리모양이다.

까치복

분 포

우리나라 전 연안, 일본 중부이남, 황해, 동중국해

서식지

근해의 바닥이 암초지대인 중층 해역에 주로 서식하고 유영성이 강하여 행동반경이 광범위하다.

형 태

몸은 원통형에 가깝고 앞부분은 두툼한 편이나 뒤로 갈수록 가늘어진다. 가슴지느러미 기저에는 큰 흑색 반점이 있다. 입은 작고 이빨은 새의 부리모양이다. 등쪽과 배쪽에 작고 단단한 가시가 덮여 있는데몸 빛깔은 등쪽은 짙은 청색 바탕에 타원형, 반원형 및 띠 모양의 백색 줄무늬 4개가 비스듬하게 형성되어 있다. 배쪽은 콧구멍 아래에서 시작하여 가슴지느러미 아래를 지나 항문 앞까지 덮여 있으며 흰색이고 각 지느러미는 황색을 띠고 있다. 등지느러미와 뒷지느러미는 낫모양이며, 크고 서로 대칭이다. 배지느러미는 없다. 꼬리지느러미 뒤끝부분은 수직형이거나 약간 오목하다.

복섬

분 포

우리나라 전 연안, 일본 중부이남, 중국, 대만

서식지

표층성 어류로 연안 및 강하구 부근에 서식하며, 하천을 따라 올라가기도 하나 오래 머물지는 않는다.

형 태

몸은 계란모양으로 짧고 굵은 편이다. 입은 작고 이빨은 새의 부리모양이다. 등쪽과 배부분에 작은 가시들이 많이 있다. 등지느러미와 뒷지느러미는 낫모양이나 끝이 뭉툭하고 서로 마주보고 있다.

자주복

분 포

우리나라 전 연안, 일본 북해도 이남, 황해, 동중국해

서식지

바닥이 사니질 또는 자갈 모래인 해역의 저층에 주로 서식한다.

형 태

양 턱의 이빨은 새의 부리 모양이다. 몸에 작은 가시가 등쪽은 두 눈 사이에서 시작하여 등지느러미가 시작되는 부분까지, 배쪽은 콧구멍 아래쪽에서 시작하여 항문 앞쪽까지 덮여있다. 그 외 부분은 가시가 없이 매끈하다. 가슴지느러미와 꼬리지느러미의 뒤끝 가장자리는 수직형이나 약간 볼록하다.

졸복

분 포

우리나라 전 연안, 일본 북해도 이남, 황해, 동중국해

서식지

근해의 바닥이 암초지대인 저층에서 주로 서식한다.

형 태

몸은 계란형으로 짧고 굵은 편이며 약간 측편한다. 입은 작고 이빨은 좌우 이빨이 붙어 새의 부리모양을 하고 있다. 피부에는 작은 가시가 없고 대신에 좁쌀같은 작은 돌출물이 몸 전체를 덮고 있어 손으로 만지면 꺼칠꺼칠하다. 등지느러미 및 뒷지느러미는 둥글고 둔하고 짧다. 꼬리지느러미 뒤끝부분은 둥글다.

참복

분 포

우리나라 전 연안, 일본 중부이남, 황해, 동중국해

서식지

바깥바다의 중층이나 저층에 주로 서식하며, 내만으로 잘 들어오지 않는다.

형 태

몸은 계란형으로 다소 길고 꼬리자루는 가늘다. 입은 작고 이빨은 좌우가 밀착되어 부리모양이다. 몸의 등쪽과 배쪽에 작은 가시들이 많이 흩어져 있다.

황복

분 포

우리나라의 금강, 한강, 임진강 등의 서남 연안과 하천 하류, 황해 및 중국

서식지

우리나라의 서해안에서 중국 남부의 흐르는 강의 중 · 하류와 그 해역에 서식한다.

형 태

등쪽과 배쪽의 피부극이 어릴 때는 가슴지느러미 앞뒤에서 분리되어 있으나 성어는 서로 연결되어 있다. 콧구멍은 짧고 융기되어 있다.

흰점복

분 포

우리나라 전 연안, 일본 북해도 이남, 동중국해, 중국북부연안

서식지

연안성 어류로 전 생활사를 통하여 갈조식물인 모자반류가 많이 번식해 있는 얕은 바다의 암초지대에 주로 서식한다.

형 태

몸은 둥글고 짧은 편으로 작은 가시로 덮여 있다. 등과 배에 작은 가시들이 많이 있다. 입은 작고 이빨은 좌우가 밀착되어 새의 부리모양이다.

홍대치

분 포

우리나라 남해, 일본 중부이남, 태평양, 인도양

서식지

수심 90~120m 되는 대륙붕 가장자리에 주로 서식한다.

형 태

몸은 가늘고 길며 주둥이는 긴 관모양으로 뻗어 있고 그 단면은 6각형이다. 입은 주둥이 앞 끝에 있으며 아래턱은 위턱보다 길고 1줄의 작은 이빨이 나 있다. 등쪽 가장자리에 2줄의 융기선이 있으며 이들은 몸 앞쪽에서 서로 접근한다. 등지느러미와 뒷지느러미는 몸 뒤쪽에 위치하며 서로 대칭되고 꼬리지느러미 중앙의 2연조는 서로 합쳐져 채찍 모양으로 길게 뻗어 있다. 두 눈 사이는 거의 평탄하며 옆줄 · 등쪽 · 배쪽 가장자리에는 가늘고 긴 비늘이 한 줄로 배열되어 있다.

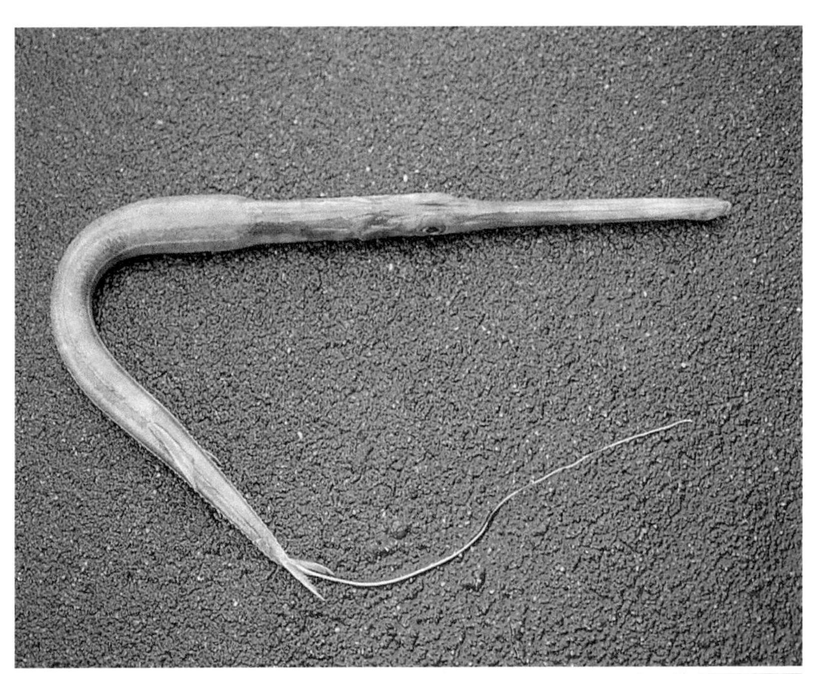

가숭어

분 포

우리나라 제주도를 제외한 전 연안, 일본, 대만, 중국

서식지

내만의 매우 탁한 물에서부터 하천의 기수역에 걸쳐서 서식하는 광염성 어류이다.

형 태

꼬리지느러미의 뒤끝 가장자리는 약간 오목하다. 머리의 등쪽은 납작하나 배쪽은 둥글고 후방으로 갈수록 측편한다. 눈은 머리의 중앙보다 앞쪽에 있고 눈의 위 가장자리의 수평선상에 콧구멍이 있다. 눈의 앞쪽과 뒤쪽 가장자리에는 미약한 기름눈까풀이 있지만 동공을 덮지 않는다. 홍채는 선명한 황색을 띤다. 아랫입술은 비교적 얇고 중앙에 1개의 융기연이 나타난다. 주상악골의 뒤끝은 입의 모서리를 지나며, 입을 닫았을 때 노출된다.

등줄숭어

분 포

우리나라 제주도를 제외한 남부해, 일본, 타이완, 중국, 하이남 등에 분포

서식지

내만의 얕은 곳이나 갯벌 및 강의 중 · 상류 기수에도 서식하는 광염성의 어종이다.

형 태

몸은 길고 앞쪽은 횡단면이 둥그나 뒤쪽으로 갈수록 측편한다. 머리의 등쪽과 제 1등지느러미 앞쪽 부위는 측편되어 명확한 융기연을 형성한다. 눈에는 기름눈까풀이 있지만 동공은 노출되어 있다. 꼬리지느러미 뒤끝 가장자리는 검다. 입은 머리의 앞 끝에 위치하며 위턱의 뒤끝은 전후 콧구멍 사이에 달한다. 주상악골의 뒤끝은 입의 모서리를 지나며 입을 닫았을 때 노출된다.

숭어

분 포

우리나라 전 연안, 일본, 중국, 세계의 온대 및 열대

서식지

산란기가 되면 수심이 깊은 바다로 산란회유를 하고 어린 시기에는 연안에서부터 담수역까지 서식하다가 체장 25cm 내외로 자라면 바다로 내려간다. 산란기인 10~12월에 외양으로 나가고 봄이 되면 연안으로 이동한다.

형 태

몸은 가늘고 긴 측편형이나 머리는 다소 납작한 편이다. 입은 작고 위턱은 아래턱보다 약간 길며 양 턱에는 세 갈래로 나뉜 이빨이 있다. 눈에는 기름눈까풀이 발달하고 옆줄은 없다. 각 비늘의 중앙에는 흑색 반점이 있어 여러 줄의 작은 세로줄이 있는 것처럼 보인다. 제 1등지느러미는 주둥이 끝과 꼬리지느러미 기저와의 중간에 위치한다. 위턱은 아래쪽으로 구부러져 있지 않고 둥그스름하거나 직사각형을 나타낸다. 몸에는 빗비늘이 덮여있다.

불볼락

분 포

우리나라 전 연안, 일본 북해도 이남, 황해, 동중국해

서식지

전장 20㎜ 까지는 떠 다니는 해조류의 그늘 아래에서 생활하다가 45㎜ 전후가 되면 점차 이탈하기 시작하여 전장 60㎜가 되면 해조류 아래에서 완전히 이탈하여 수심 80~150m 되는 암초지대에 주로 서식한다.

형 태

몸은 긴 계란형으로 측편되어 있다. 두 눈 사이는 약간 융기되어 있으며 머리에 있는 가시는 약한 편이다. 아래턱은 위턱보다 길며 양 턱에는 융털모양의 이빨 띠가 있다. 뒷지느러미 3번째 가시는 2번째 가시보다 길다. 꼬리지느러미 뒤끝은 약간 오목하며 몸체를 비롯하여 아래턱에도 비늘이 있다.

개볼락

분 포

우리나라 중부이남, 일본 홋카이도 이남

서식지

정착성 어류로서 근해의 암초지대에 주로 서식한다.

형 태

몸은 타원형으로 측편되고 배부분은 볼록하고 체고가 높다. 머리부분에는 단단한 각종의 가시가 발달되어 있으며 머리 뒷부분은 둥글게 융기되어 있다. 눈의 위 부분은 융기되어 있으며 두 눈 사이는 깊게 패여 있다. 아래턱은 위턱보다 짧고, 양 턱에는 융털모양의 이빨 띠가 있다. 꼬리지느러미의 뒤끝 가장자리는 둥글다. 가슴지느러미 아래쪽 연조들은 갈라져 있지 않고 두툼한 편이다.

황해볼락

분 포

우리나라의 서해안(전북 문왜섬, 인천 소래, 충청도 대산 , 백령도 등)에만 분포

서식지

연안의 얕은 암초지대에 주로 서식한다.

형 태

양턱 길이는 거의 같으며 눈은 크고 주둥이 길이와 같거나 거의 비슷하다. 융털모양의 이빨이 턱과 입천정 등에도 형성되어 있다. 머리에는 많은 가시(비극, 안전골, 안상골, 안후골, 상쇄골극 및 쇄골극)가 잘 발달해 있으며 아가미 뚜껑에도 가시가 발달해 있다.

우럭볼락

분 포

우리나라 중부이남, 일본 중부이남, 중국연해

서식지

연안성 어종으로 연안 얕은 바다의 암초 사이에서 서식한다.

형 태

몸은 타원형으로 측편하며 머리에 각종 가시가 잘 발달되어 있다. 입은 크고 위턱의 뒤끝은 눈 뒤 가장자리까지 도달한다. 양 턱은 같은 길이이며, 양 턱에는 융털모양의 이빨띠가 있다. 가슴지느러미의 뒤끝은 항문까지 이르며 꼬리지느러미 뒤끝 가장자리는 수직형이다. 두 눈 사이는 좁고 깊은 홈이 패여 있다. 아래턱과 눈 앞부분에는 비늘이 없다.

조피볼락

분 포

우리나라 전 연안, 일본 북해도 이남, 중국북부 연안, 발해, 황해

서식지

연안 얕은 바다의 암초지대에 주로 서식한다. 밤에는 흩어져서 중층이나 표층으로 떠올라 그다지 활동을 하지 않으나, 낮에는 가라 앉아 무리를 지어 활발히 활동하고, 특히 아침 · 저녁에 왕성한 활동을 보인다.

형 태

몸은 긴 타원형으로 측편되어 있으며 꼬리지느러미 뒤끝은 수직형이거나 약간 볼록하다. 아래턱이 윗턱보다 약간 돌출되어 있으며 양턱에는 융털 모양의 이빨띠가 있다. 두 눈 사이는 넓고 편평하다. 눈 아랫쪽에 단단한 3개의 가시가 있다. 뒷지느러미의 2번째 가시는 두껍고 커서 첫 번째가시 보다 약 2배이며, 3번째 가시는 가늘지만 2번째 가시보다는 약간 길다. 가슴지느러미 뒷끝은 항문까지 도달하며 꼬리지느러미 아래 · 위 양 끝부분은 희다. 윗턱 뒷부분과 아래턱을 제외하고는 모두 빗비늘로 덮여있다.

볼락

분 포

우리나라 전 연안, 일본 북해도 이남

서식지

연안 정착성 어류로서 암초가 많은 연안 해역에 주로 서식한다.

형 태

몸은 타원형으로 측편되어 있으며 주둥이는 뾰족하고 눈은 크다. 두 눈 사이는 폭이 좁고 다소 불쑥 나와 있다. 윗턱의 뒷끝은 눈동자 중앙 아래까지 도달하고 아래턱은 비늘로 덮여있다. 아래턱은 윗턱보다 길며, 아래턱 앞끝의 이빨은 입을 다물어도 외부에 노출된다. 눈 앞쪽 아래에는 날카로운 가시가 2개 있다. 꼬리지느러미는 약간 둥글며, 수컷은 항문 바로 뒤에 교미기가 있다.

쏨뱅이

분 포

우리나라 전 연안, 일본 연안, 중국, 동중국해

서식지

연안성 저서 어류로서 수심 80m 이내의 조류가 빠른 암초지대에 서식한다.

형 태

아래턱보다 윗턱이 약간 길며 양 턱에는 폭넓은 융털 모양의 이빨 띠가 있다. 몸은 타원형으로 측편하고 입은 크다. 비늘은 빗비늘로서 윗턱 앞부분과 아래턱을 제외하고 몸 전체에 덮여있다. 아가미뚜껑 앞쪽에 5개, 뒤쪽에 2개의 가시가 있다. 두 눈 사이는 움푹 패여 있고 머리에는 단단하고 뾰족한 가시들이 발달되어 있으나, 눈 아래에는 가시가 없다.

붉은쏨뱅이

분 포

우리나라 남부 연안, 중국, 일본 등에 분포

서식지

저서성 어류로 대륙붕의 암초지역에 주로 서식한다.

형 태

몸은 대형으로 체고가 높고 측편되어 있다. 눈은 크며 두 눈 사이는 깊고 오목하다 양 턱에는 작은 이빨이 무리 지어있고 입천정에도 이빨이 있다. 입은 머리 앞 끝에 위치하며 위턱은 눈 뒤 가장자리의 끝에 달한다. 눈의 아래쪽 부분(안와)에는 아무런 가시가 없다. 모든 지느러미는 붉은색을 띠며 가슴지느러미의 기저부의 가운데에는 담황색의 작은 점이 흔적적으로 나타난다. 가슴지느러미는 11번째 연조가 가장 길다.

홍감펭

분 포

우리나라 남해, 일본 남부해, 동중국해

서식지

제주도 남방 해역에서 대만 북동 해역에 이르는 수심 200m 이상의 대륙붕 가장자리에 바닥이 조개껍질이 섞인 모래질인 곳에 주로 서식한다.

형 태

몸은 긴 타원형으로 측편되어 있다. 입은 크고 위턱의 뒤끝은 눈 뒤쪽 아래까지 도달하며 양 턱에는 융털모양의 이빨 띠가 있다. 가슴지느러미는 중앙부가 가장 길고 아래쪽 연조는 갈라지지 않고 두꺼운 편이다. 꼬리지느러미의 뒤끝은 약간 오목하거나 수직형이다. 아가미뚜껑 뒷 가장자리에 5개, 위쪽에 2개의 가시가 있으며 눈 아래쪽에는 가시가 없다. 머리나 몸은 빗비늘로 덮여 있고 위턱 뒷부분과 아래턱 및 눈 앞부분에는 비늘이 없다.

붉감펭

분 포

우리나라 남해, 일본 남부해, 동중국해

서식지

약간 남방성 어류로서 수심 30~100m 되는 근해의 암초지대에 주로 서식한다.

형 태

몸은 타원형으로 측편하고 머리에 단단한 가시들이 발달되어 있다. 눈 아래쪽에 뒤쪽으로 향한 뾰족한 가시가 1개 있다. 위턱은 아래턱보다 약간 길며 양 턱에는 융털 모양의 이빨 띠가 있다. 주둥이 부근, 위턱 앞부분, 아래턱을 제외하고는 빗비늘로 덮여있다. 눈은 큰 편이고 주둥이 길이와 같은 길이이다. 아가미뚜껑 앞쪽에 5개, 뒤쪽에 2개의 가시가 있다.

점감펭

분 포

우리나라 남해, 일본 중부이남, 동중국해

서식지

제주도 남방 해역 수심 100~150m 이상 되는 바닥이 조개껍질, 펄 등이 섞힌 모래질인 대륙붕 가장자리에 주로 서식한다.

형 태

몸은 긴 타원형으로 측편하며 머리에 각종 가시들이 발달되어 있다. 두 눈 사이는 패여 있고 1쌍의 융기선이 홈을 형성하고 두 눈 사이 뒷부분은 사각형이며 패여 있다. 눈 아래쪽에는 3개의 가시가 있으며 융기선을 형성하고 있다. 아래턱 앞 끝에는 혹모양의 돌기가 있으며 부레가 없다. 아래턱이 위턱보다 약간 길며 양 턱에는 융털모양의 이빨 띠가 있다. 가슴지느러미 위쪽 연조들은 각각 갈라져 있다. 머리부분과 가슴지느러미 기저 앞부분을 제외하고는 빗비늘로 덮여있다.

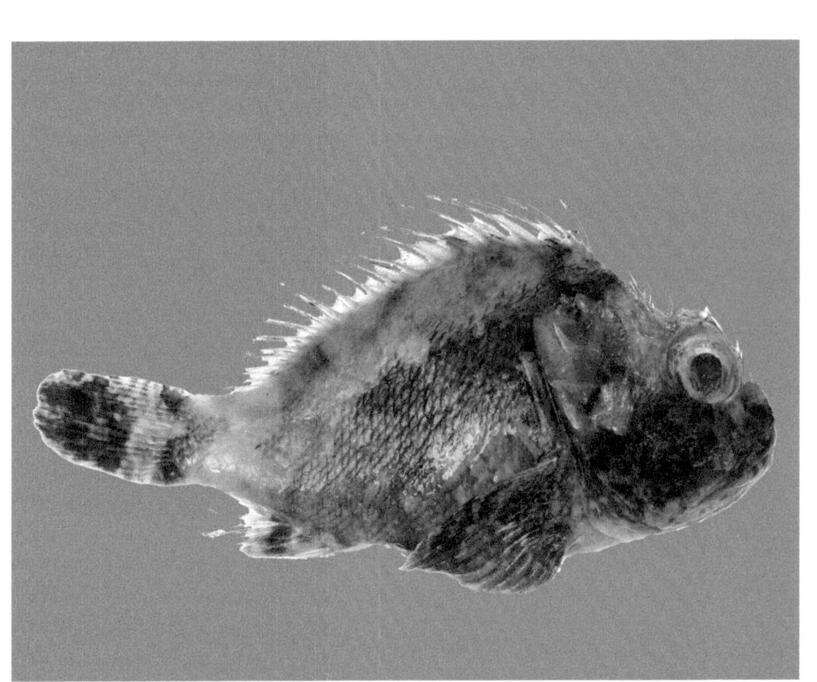

쏠배감펭

분 포

우리나라 남해, 일본, 동중국해, 서태평양, 인도양

서식지

연안의 얕은 곳으로 바닥이 암초지대인 곳에 주로 서식한다.

형 태

몸은 긴 타원형으로 약간 측편되고 몸높이는 그렇게 높지 않다. 머리 꼭대기는 울퉁불퉁하며 두 눈 사이는 매우 패여 있고 눈 위의 피질판은 눈지름보다 짧다. 양 턱은 같은 길이이며 아래턱 아랫부분에는 혹 모양의 돌기가 발달되어 있다. 입은 크고 양 턱에는 융털모양의 이빨이 있다. 코와 눈 주위에는 가시들이 많이 있다. 가슴지느러미는 매우 길어 그 뒤끝이 꼬리지느러미까지 도달하고 지느러미 막은 깊게 패여 있으며 등지느러미 가시도 길며 지느러미 막이 깊게 패여 있다.

비늘양태

분 포

우리나라 남해, 일본 남부해, 동중국해, 대만

서식지

근해 저서성 어류로서 수심 100m 전후 또는 더 깊은 곳의 모래나 펄 밭에 서식하며, 큰 이동은 하지 않는다.

형 태

몸은 매우 납작하고 머리는 크며 배부분은 편평하다. 아래턱이 위턱보다 길며 양 턱에는 융털모양의 이빨이 있다. 머리 옆쪽으로 골질인 융기선이 1개 있으며 머리 위쪽에는 단단한 가시들이 많이 있다. 배지느러미는 가슴지느러미 보다 뒤쪽에서 시작하며 그 뒤끝은 등지느러미 5번째 연조 아래에 도달한다. 콧구멍 앞과 눈 위에는 피질돌기가 있다. 비늘은 떨어지기 쉬우며 몸 등쪽에는 빗비늘, 배지느러미보다 앞쪽의 배부분은 둥근 비늘이다. 옆줄 비늘 중 앞쪽의 8~17번째 비늘은 1개의 가시를 가진다.

양태

분 포

우리나라 전 연안, 일본 남부해, 발해, 황해, 동중국해, 서태평양, 인도양

서식지

근해 정착성 어류로서 평상시에는 모래진흙 바닥에 주로 서식하며, 가끔 기수역에 출현하는 경우도 있다.

형 태

몸은 납작하고 긴 편이며 특히 머리부분이 폭이 넓고 배부분은 편평하다. 두 눈 사이는 넓으며 머리 위쪽에는 작은 돌기형 가시들이 있다. 아래턱이 위턱보다 길며 위턱에는 이빨의 크기는 같지 않지만 폭 넓은 이빨 띠를 형성하고 있고 아래턱에는 앞쪽에 3~4줄의 이빨 띠가 있다. 아가미뚜껑 중앙에는 2개의 가시가 있으며 아래쪽의 것이 약간 크다. 비늘은 매우 작은 빗비늘로서 잘 떨어지지 않는다.

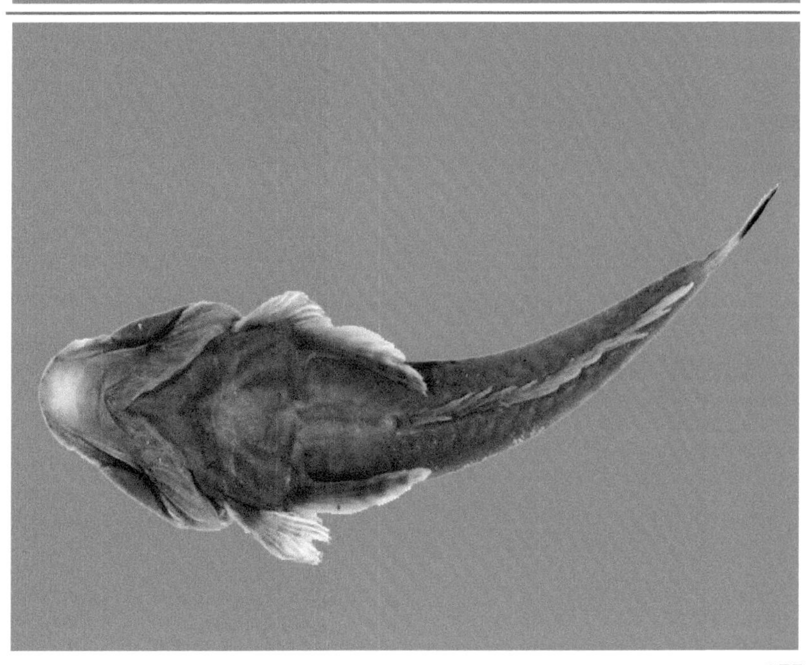

까지양태

분 포

우리나라 남해, 일본 남부해, 황해, 동중국해, 인도양

서식지

황해와 동중국해에 걸쳐 중국 연안 가까이 남북으로 긴 대륙붕 지역의 수온이 겨울철에는 10℃이상, 여름에는 17℃ 이상 되는 해역에 주로 서식한다.

형 태

몸은 가늘고 길며 매우 납작한 편이다. 비늘은 작은 빗비늘로 떨어지기 쉽다. 아가미뚜껑 중앙에는 2개의 가시가 있으며 위쪽의 것이 더 길고 창모양으로 돌출한다. 아래턱은 위턱보다 길며 양 턱에 융털 또는 과립모양의 폭 넓은 이빨 띠를 형성한다. 배지느러미는 가슴지느러미보다 뒤쪽에 있다.

빨간양태

분 포

우리나라 남해, 일본 남부해, 동중국해, 대만

서식지

제주도 남방 해역에서 대만 북동 해역에 이르는 수심 90m 이상의 대륙붕에 바닥이 조개껍질이나 펄 등이 섞인 모래질에 주로 서식하며, 큰 이동은 하지 않는다.

형 태

몸은 가늘고 길며 납작한 편이고 배부분은 편평하다. 눈은 크고 두 눈 사이는 좁고 주둥이는 납작하고 길다. 양 턱은 거의 같은 길이며, 융털모양의 이빨 띠가 있다. 눈 아래의 융기선에는 뒤로 향한 뾰족한 가시가 4~5개 있다. 배지느러미는 등지느러미보다 약간 앞쪽에서 시작한다. 비늘은 빗비늘로서 약간 크며 앞쪽의 옆줄비늘(5~6개)은 1개의 가시를 가진다.

눈양태

분 포

우리나라 남해 및 제주도, 일본남부의 태평양측, 남중국해에 분포

서식지

심해성어류로 대륙붕 주변해역의 수심 60~100m 사이에 바닥이 펄질이나 모래바닥에 펄이 섞인 지역에 주로 서식하며, 거의 이동하지 않는다.

형 태

머리는 매우 크고 종편하나 꼬리는 약간 측편한다. 입은 크며 위턱보다 아래턱이 더 길다. 양 턱에 이빨이 밀집해 띠를 형성하며 입천정에도 이빨이 형성되어 있다. 눈의 아래쪽에서 아가미뚜껑 앞쪽의 아래쪽에 걸쳐서 5~6개의 뾰족한 가시가 일렬로 줄지어 잘 발달해 있으며 두부의 등쪽에도 가시가 발달해 있다. 몸에 큰 빗비늘이 덮여있다. 제2등지느러미와 뒷지느러미는 짧은 기저를 가진다. 몸과 지느러미에는 어떠한 점이나 반점도 전혀 없다.

빨간횟대

분 포

우리나라 동해, 일본, 오호츠크해

서식지

비교적 찬물을 좋아하는 냉수성 어류로서 수심 50m 전후되는 바다 밑에 주로 서식한다.

형 태

몸은 가늘고 길며 뒤쪽으로 갈수록 측편되어 있다. 콧구멍에 있는 가시의 모양은 삼각형이며 눈의 위쪽에는 피질돌기가 있고 머리 뒷 부분에도 두 쌍의 작은 피질돌기를 갖는다. 위턱의 뒤끝은 눈 뒤쪽 아래까지 도달한다. 머리는 큰 편이며 두 눈 사이는 좁고 오목하다. 위턱은 아래턱보다 길며, 양 턱에는 원뿔니가 있다. 아가미뚜껑 중앙에는 4개의 가시가 있으며 그 중 가장 위쪽의 것은 끝이 갈라져 있고, 나머지는 아래쪽을 향하고 있다.

대구횟대

분 포

우리나라 동해, 일본 북해도, 사할린

서식지

수심 100m 전후되는 해저 바닥에서 주로 서식한다.

형 태

몸은 원통형이며 가늘고 긴 편이다. 두 눈 사이는 편평하고 주둥이의 위쪽 가장자리는 급한 경사를 이루고 있다. 입은 크고 아래턱은 위턱에 덮여 있으며 양턱에는 원뿔니 모양의 이빨 띠가 있다. 아가미뚜껑 중앙에는 4개의 가시가 있으며 그 중 맨 위쪽 것이 가장 크다. 꼬리지느러미의 뒤끝 가장자리는 약간 움푹 들어가 있다. 등지느러미는 2개이며 가슴지느러미는 크다.

까치횟대

분 포

우리나라 동해, 일본, 캐나다, 알라스카, 캄차카, 북태평양

서식지

연안의 바다풀이 무성하고 돌, 자갈들이 많은 암초지대에서 주로 서식한다.

형 태

몸은 타원형으로 측편하며 체고는 높은 편이다. 몸 전체에 혹같은 작은 돌기가 많이 있다. 양 턱에는 융털모양의 이빨이 있으며 아래턱에 3개의 수염이 있다. 눈 위에는 피판(육질돌기)이 없다. 아가미뚜껑 중앙에는 2개의 끝이 둔하고 짧은 가시가 있다. 등지느러미는 2개로 서로 떨어져 있다. 배지느러미는 작고 가슴지느러미는 폭이 넓고 길다.

꼼치

분 포

우리나라 전 연안, 일본, 발해, 황해, 동중국해

서식지

수심 50~80m되는 바닥이 펄질인 곳에 주로 서식하며, 겨울철에 연안으로 이동한다.

형 태

몸은 가늘고 긴 편이며 물렁물렁하여 일정한 모양을 갖추기 힘들다. 머리는 폭이 넓고 납작하며 그 뒤쪽은 측편한다. 주둥이는 낮고 약간 뾰족하며 콧구멍은 2쌍으로 뒤쪽 콧구멍 주변에는 융기선이 있다. 입은 폭이 넓고 위턱이 아래턱보다 길며 양 턱의 이빨은 끝이 3갈래로 갈라져 있으며 폭 넓은 이빨띠를 형성한다. 배부분에는 배지느러미가 합쳐져 변형된 흡반이 있다. 가슴지느러미는 폭이 넓고 그 끝 가장자리는 각진 부분 없이 원만하다. 등 · 뒷지느러미는 꼬리지느러미의 약 2/3부분과 연결되어 있으며 이 부분에 각이 져 있다. 아가미구멍의 아래끝은 가슴지느러미의 제 5~10번째 연조 기저까지 달한다.

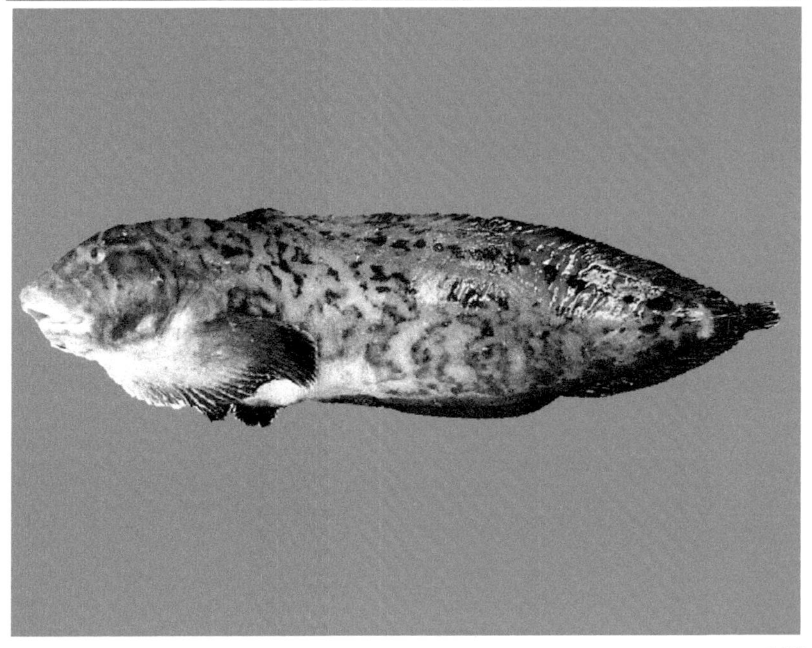

고무꺽정이

분 포

우리나라 동해, 일본, 알라스카

서식지

찬물을 좋아하는 냉수성 어종으로 수심 20~480m 되는 비교적 깊은 바다에서 서식한다.

형 태

몸은 납작한 편이며 배부분은 편평하고 피부에는 비늘이 없다. 머리가 크며 머리의 등쪽에는 끝이 둔한 혹 같은 가시들이 많이 나 있다. 양 턱, 뺨, 아가미뚜껑에 작은 수염이 있다. 입은 크고 비스듬하며 위턱의 뒤끝은 눈의 중앙 아래보다 더 뒤쪽에 도달한다. 양 턱에 융털모양의 이빨이 있다. 머리에는 점액구멍이 있고 몸 전체에 점액이 많다. 등지느러미는 2개로 서로 떨어져 있다.

살살치

분 포

우리나라 중 · 남부해, 일본 중부이남, 대만, 중국 등에 분포

서식지

대륙붕~대륙사면의 수심 100~200m 내외의 모래 진흙 바닥에 서식한다.

형 태

가슴지느러미 겨드랑이의 상각에 하나의 큰 판상피판(瓣狀皮瓣)이 있다. 두 눈 사이는 비교적 넓고 뒤쪽에 얕은 사각형 홈이 하나 있다. 눈 아래쪽에 강한 3개의 가시가 있다. 머리의 등쪽은 액극(額棘)이 존재하지 않으며 비늘이 덮여있지 않는다. 가슴지느러미 위쪽 부분의 줄기는 갈라져 있다. 아가미뚜껑의 앞쪽에 5개의 가시가 있고 입천정에 이빨이 형성되어 있다. 부레가 없다.

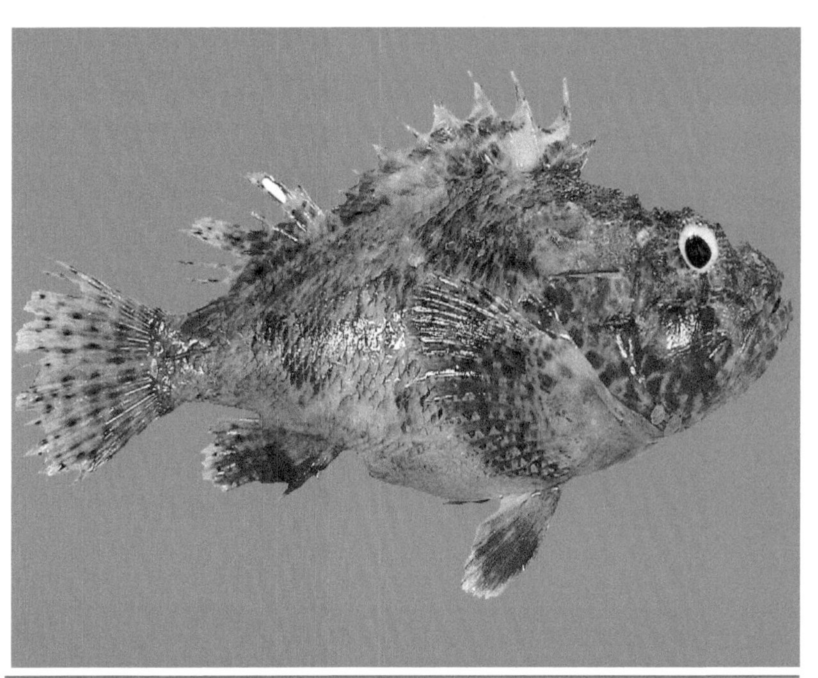

풀미역치

분 포

우리나라 중부이남, 일본 중부이남, 황해, 동중국해, 대만

서식지

약간 깊은 바다 밑의 모래진흙 바닥에 주로 서식한다.

형 태

몸은 계란형으로 낮은 편으로 측편되어 있으며 두 눈 사이는 오목하다. 몸에는 비늘이 없는 대신 융털모양의 피질돌기가 많이 나 있으며 손으로 만지면 약간 꺼끌꺼끌하다. 입은 수직형에 가깝고 아래턱은 위턱보다 길며 양 턱에는 융털모양의 이빨이 있다. 눈앞의 아래쪽에는 2개의 날카로운 가시가 있으며 뒤쪽의 것이 더 크며 뒤로 향해 있다. 등지느러미는 눈의 바로 위쪽에서 시작되며 첫 번째 가시가 가장 크고 차츰 작아지다가 5번째 가시에서 다시 커진다. 아가미뚜껑 앞쪽 가장자리에는 4개의 가시가 있다. 각 지느러미의 연조는 갈라져 있지 않다.

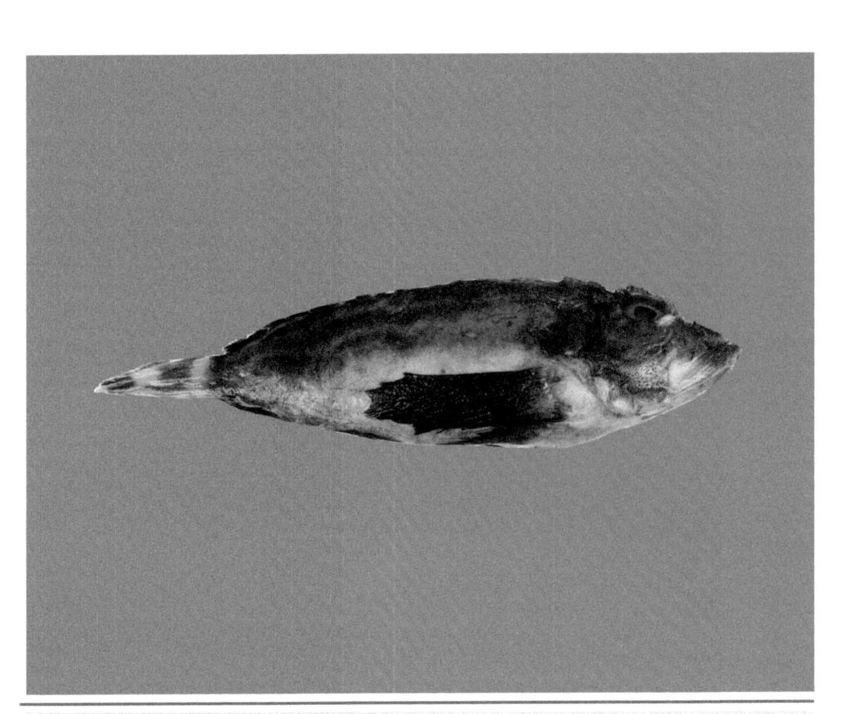

삼세기

분 포

우리나라 전 연안, 일본, 황해, 오호츠크해, 베링해

서식지

근해의 약간 깊은 바다에서 서식한다.

형 태

몸은 약간 긴 편이며 머리는 납작하다. 머리 위쪽은 울퉁불퉁하고 많은 혹같은 돌기가 있다. 두 눈 사이는 좁고 오목하다. 피부는 미세한 가시를 가진 작은 돌기로 덮여 있어 손으로 만지면 거칠다. 입이 위로 향한다. 양턱과 머리 위쪽에는 많은 피질돌기가 있다. 아래턱이 위턱보다 길며, 양턱에는 융털모양의 이빨 띠가 있다. 등지느러미의 가시는 부드럽고 독이 없으며 가시부는 줄기부보다 긴 기저를 가지며 각 가시 사이의 막은 깊게 패여 있고 첫 번째 가시가 가장 길다.

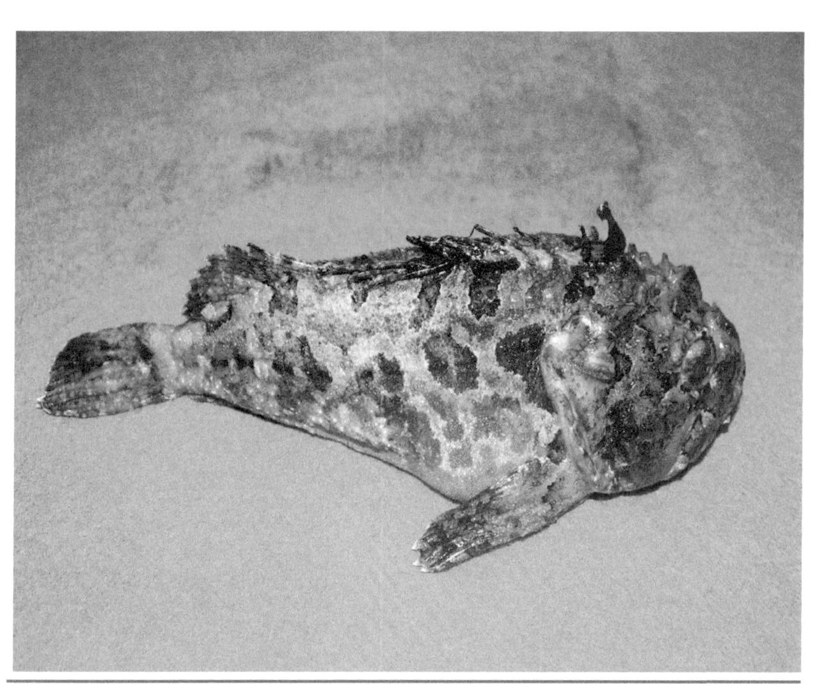

쌍뿔달재

분 포

우리나라 남해, 일본 남부, 동중국해

서식지

제주도 남방 해역에서 대만 북동해역까지 수심 60~70m 되는 대륙붕 가장자리에 주로 서식한다.

형 태

몸은 약간 길고 측편하며 머리는 납작한 편이다. 주둥이 양쪽의 돌기는 크고(1개) 편평한 삼각형으로 가장자리에 톱니가 없다. 위턱은 아래턱을 덮고 있으며 양 턱의 이빨 띠는 좁으며 협부에 현저한 융기선이 없다. 가슴지느러미 기저의 위쪽에 있는 가시는 크고 길다. 등지느러미 기저에 있는 골질돌기는 23~24개이다. 비늘은 등쪽은 빗비늘, 배쪽은 둥근비늘로 덮여있다. 가슴지느러미 길이는 제 2등지느러미의 중앙보다 앞쪽에 위치하며 아래쪽 3개의 연조는 분리되어 있다. 등지느러미 2번째 가시는 3번째 가시보다 약간 길다.

가시달강어

분 포

우리나라 남해, 일본 남부해, 동중국해, 남중국해, 인도양

서식지

제주도 남방 해역에서 대만 북부 해역에 걸쳐 수심 100m 전후되는 모래가 많은 펄질 바닥에 주로 서식한다.

형 태

몸은 가늘고 길며 머리는 납작하다. 주둥이 앞쪽은 중앙이 약간 오목하고, 그 양쪽의 돌기는 비교적 크며 바깥쪽은 1개의 강한 가시가 안쪽에 작은 톱니모양의 가시가 여러 개 있다. 두 눈 사이는 좁은 편이며 깊게 패여 있다. 입은 아래에 있으며 아래턱은 위턱에 덮여 있고 양 턱에는 융털모양의 이빨이 있다. 가슴지느러미는 매우 길어 그 뒤끝이 제 2등지느러미 중앙보다도 더 뒤쪽까지 뻗어있다. 제 1, 제 2등지느러미 기저 양쪽에는 방패모양의 골질돌기가 22~23개로 일렬로 배열되어 있다. 비늘은 등쪽이 빗비늘, 배쪽이 둥근비늘로 덮여있다.

믿달갱이

분 포

우리나라 남해, 일본 남부, 동중국해

서식지

대륙붕 가장자리 주변 해역의 수심 60~200m되는 바닥에 주로 서식한다.

형 태

몸은 두껍고 짧은 편이며 눈은 크다. 주둥이는 짧고 앞쪽이 약간 오목하며 양쪽 돌기는 바깥쪽에는 단단하고 긴 가시가 1개 있으며 안쪽으로는 짧은 여러 개의 가시가 있다. 등지느러미의 2번째 가시는 3번째보다 약간 길며 그 앞쪽 가장자리에 톱니가 있어도 약한 편이다. 가슴지느러미의 분리된 연조 중 가장 긴 것은 거의 배지느러미의 뒷 끝에 도달한다. 배부분은 둥근비늘 그 외 부분은 빗비늘로 덮여있다. 제1, 제2등지느러미 기저 아래에 방패모양의 골질돌기는 모두 22~24개인데 앞부분의 3개 전후를 제외하고는 모두 뒤로 향한 1개의 가시를 가지고 있다. 입은 거의 수평이며 아래턱은 위턱에 덮여 있고 융털모양의 이빨이 있다.

달강어

분 포

우리나라 전 연해, 일본 북해도 남부이남, 발해, 황해, 동중국해

서식지

서해안의 경우 가을~겨울에는 발해, 중국북부, 서해북부에서 남쪽으로 이동하여 소흑산도 서방 해역 주변에서 대형어는 깊은 곳에서, 소형어는 얕은 곳에서 3월까지 월동하다가 봄이 되면 다시 북쪽으로 이동한다.

형 태

몸은 약간 가늘고 길며 몸 전체에 거친 빗비늘이 있다. 주둥이는 약간 길며 앞쪽은 약간 오목하고 양쪽 앞에는 여러 개의 작은 가시가 있는데 그 중 가장 바깥쪽의 것이 가장 크다. 두 눈 사이의 거리는 눈지름 길이와 거의 같으며 약간 오목하게 패여 있다. 입은 아래에 위치하고 아래턱은 위턱에 싸여 있으며 양 턱에 융털모양의 이빨이 있다. 제 1등지느러미 가시중 2번째 가시가 가장 길며 그 길이는 체고와 비슷하다. 제 1, 제 2등지느러미 기저에는 가시를 가진 방패모양의 골질돌기가 24~26개 나란히 배열되어 있다. 가슴지느러미의 분리된 연조 중 가장 긴 것은 배지느러미의 뒷끝 부분까지 도달하지 않는다.

성대

분 포

우리나라 전 연안, 일본 중부이남, 발해, 황해, 동중국해

서식지

수심 20~30m 바다 밑에서 주로 생활을 하며, 우리나라 주변에서는 서해계군, 동중국해계군, 대마계군으로 크게 3무리로 나누어져 서식하고 있다.

형 태

몸은 가늘고 길며 몸 빛깔은 자회색 또는 자갈색으로 불규칙한 암적색 반점들이 많이 흩어져 있으며 배부분은 연한 빛을 띠고 있는데 죽은 후에는 진한 적색을 띤다. 가슴지느러미 안쪽은 연한 녹색, 바깥쪽은 선명한 청색을 띠며 안쪽의 뒤쪽 절반에는 10~20개의 담청색의 둥근 반점이 있다. 제 1등지느러미와 꼬리지느러미는 적갈색, 그 외 제 2등지느러미, 배지느러미, 뒷지느러미는 백색이다. 두 눈 사이는 약간 오목하고 눈은 작다. 주둥이는 짧고 앞쪽은 약간 오목하며, 양쪽으로 수 개의 작은 가시가 있다. 위턱은 아래턱을 덮고 있으며 양 턱에는 융털모양의 이빨이 있다. 비늘은 둥근비늘로서 매우 작다.

노래미

분 포

우리나라 전 연안, 일본, 황해, 동중국

서식지

연안 정착성 어류로서 수심 5m이내의 해조류나 바위들이 많은 연안에서 단독 생활을 한다.

형 태

몸은 가늘고 길며 측편되어 있고 머리부분은 뾰족한 편이다. 눈의 위쪽과 머리 뒷부분에 육질의 돌기가 1쌍 있다. 양 턱의 길이는 거의 같으며 양 턱의 이빨은 작지만 바깥쪽 이빨은 다소 크다. 몸 전체에 작은 빗비늘이 덮여 있고 뺨과 아가미뚜껑, 가슴지느러미 앞부분에는 둥근비늘이 덮여 있다. 등지느러미의 가시부와 연조부의 경계는 깊이 패여 있다. 꼬리지느러미의 뒤끝 가장자리는 둥글며 옆줄은 1개뿐이다.

쥐노래미

분 포

우리나라 전 연안, 일본 북해도 이남, 황해, 동중국해

서식지

연안 정착성 어류로서 바닥이 암초지대이거나 해조류가 무성한 곳, 또는 모래와 펄이 섞인 암초지대등 연안 정착성 어류로서 바닥이 암초지대이거나 해조류가 무성한 곳, 또는 모래와 펄이 섞인 암초지대 등에 세력권을 형성한다.

형 태

몸은 약간 가늘고 긴 편이며 측편되어 있다. 등지느러미는 1개이며 가시부와 연조부의 경계가 패여 있고 꼬리지느러미의 뒷끝을 펼치면 수직형이거나 약간 오목하다. 눈의 위쪽과 후두부에 2쌍의 피질돌기가 있다. 양턱은 거의 같은 길이고 이빨이 있으며 바깥쪽 이빨이 크다. 옆줄은 5개로 제1옆줄은 등지느러미 앞쪽에서 등지느러미 연조부 중간보다 약간 앞쪽까지, 제2옆줄은 등지느러미 약간 앞쪽에서 시작하여 꼬리지느러미 기저 위쪽에 도달하며 제4옆줄은 아가미구멍 아래쪽에서 시작하여 그 뒤끝은 배지느러미를 넘지 못한다. 배지느러미는 가슴지느러미보다 약간 뒤쪽에서 시작한다.

임연수어

분 포

우리나라 동해, 일본 대마도 이북, 오호츠크해

서식지

저서성 어류로서 육지에서 2~3마일 떨어진 수심 150~200m 되는 암초지대에 주로 서식한다.

형 태

몸은 긴 방추형으로 약간 측편하며 꼬리자루는 가늘다. 머리는 작고 입은 비스듬히 찢어져 있으며 양 턱의 길이는 같다. 위턱의 뒤끝은 눈 앞부분 아래까지 도달하고 양 턱에는 이빨이 있으며 바깥쪽 이빨은 송곳니 모양이다. 등지느러미의 가시부와 연조부는 경계가 없이 그대로 연결되어 있다. 꼬리지느러미는 깊게 두 갈래로 갈라져 있다. 가슴지느러미는 폭이 넓고 짧으며 그 뒤 가장자리는 둥글다. 옆줄은 5개, 비늘은 작은 빗비늘이다.

미역치

분 포

우리나라 남부 연해 및 일본 남부 해역에 분포

서식지

연안 정착성 어류로 주로 연안의 해초가 많고 바위가 얕은 바다 또는 뻘과 모래자갈이 섞인 내만의 얕은 바다나 또는 잘피밭이나 암초역에 서식한다.

형 태

몸은 긴 계란형으로 측편하고 몸의 뒷부분에 매몰된 작은 비늘이 있다. 그러나 때에 따라서 전혀 없는 것도 있다. 몸은 소형으로 등지느러미 가시부가 잘 발달 되어 있다. 등지느러미의 6~8번째 가시의 하반부에 흑색반점이 형성되어 있다. 두 눈 사이는 약간 튀어나왔고 한 쌍의 융기선이 형성되어 있다. 머리는 경사가 심하고 눈 아래에는 2개의 날카로운 가시가 발달해 있는데 뒤의 것은 매우 크고 뒤쪽으로 향하며 그 뒤끝은 눈의 뒤 가장자리 아래에 달한다. 양턱과 서골, 입안의 천정에는 폭 넓은 융털 모양의 이빨 띠가 있다. 모든 지느러미는 붉은 색을 띠지만 등지느러미만 다소 어둡다.

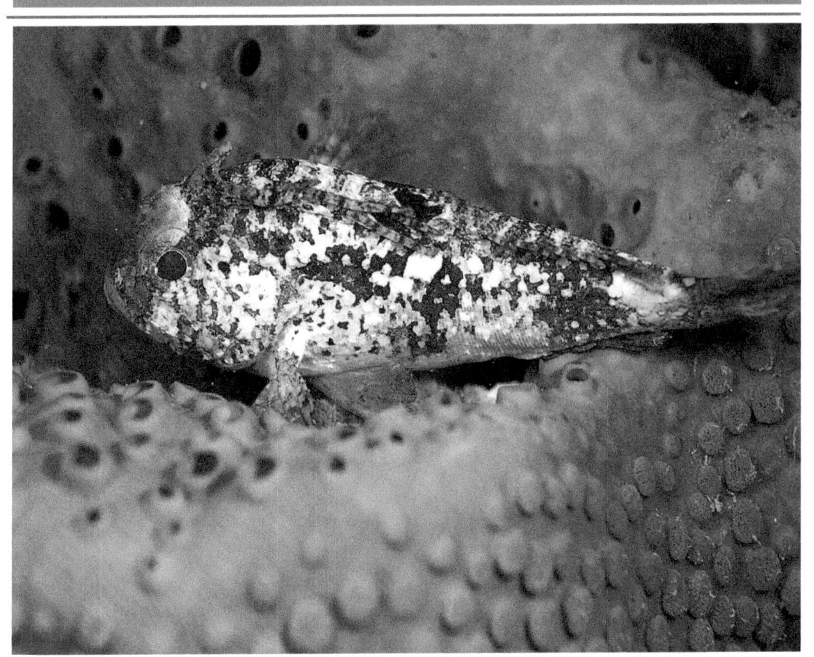

뚝지

분 포

우리나라 동해, 일본북부에서 오호츠크해, 베링해, 캐나다 등에 분포

서식지

한대성 어류로 심해의 수심 100~200m 되는 지역에서 주로 서식하나 수심 500m이상에서도 분포한다.

형 태

몸은 긴 타원형으로 매우 미끈하며 전체적으로 체고가 높고 폭이 넓은 구형이다. 피부에는 어떠한 돌기물도 나 있지 않다. 눈은 작고 체장의 10%를 넘지 않으며 머리의 등쪽에 치우친다. 주둥이도 짧다. 등지느러미는 두 개로 제 1등지느러미는 몸의 중앙에 위치하나 완전히 피부 속에 묻혀 있다. 배쪽은 배지느러미가 변형된 흡반이 어릴 때는 미약하나 성어는 잘 발달해 있다. 몸 길이는 두장의 약 3배이고 체고의 3~5배이다.

별쭉지성대

분 포

우리나라 남해, 일본 중부이남, 동중국해, 남중국해

서식지

제주도 동남방 해역에서 대만 북동해역에 이르는 대륙붕 가장자리에 많이 서식하고, 남쪽 일수록 어군밀도가 높으며, 큰 이동은 없다.

형 태

몸은 다소 길고 납작한 편이며 배부분은 편평하다. 머리 위는 거친 골판으로 덮여 있으며 납작하다. 입은 작고 아래에 위치하며 아래턱은 짧고 위 턱에 덮여 있으며 양 턱에는 과립모양의 이빨이 있다. 비늘은 거칠고 크며 골질인 빗비늘로서 뒷지느러미 중앙부 위쪽과 꼬리자루에 있는 3개의 비늘에는 단단한 옆돌기가 있다. 가슴지느러미는 크고 길어서 꼬리지느러미 기저까지 도달하고 각 연조는 갈라져 있지 않으며 분리된 연조가 없고 꼬리지느러미 뒤끝은 오목하다. 머리 뒤쪽에 잘 발달된 뾰족한 가시가 있으며 아가미뚜껑 아래쪽에도 날카롭고 긴 가시가 있다.

쑤기미

분 포

우리나라 전 연안, 일본 연안, 동중국해, 남중국해

서식지

난해성 어류로 저서생활을 하며 모래나 펄 속에 몸을 파묻고 생활한다.

형 태

몸은 가늘고 길며 머리부분은 납작하고 뒷부분은 측편되어 있다. 머리부분 양 옆쪽과 아래턱에는 촉수모양의 피질돌기가 발달되어 있다. 두 눈 사이는 넓으며 입은 작고 위로 향해 있으며 양 턱에는 융털모양의 이빨띠가 있다. 머리의 뒷면은 매우 울퉁불퉁하며 위턱 중앙부는 매우 융기되어 있다. 가슴지느러미 아래쪽 2개의 연조는 분리되어 있어 촉각기로 이용된다. 몸에는 비늘이 없고 피부는 탄력이 있으며 옆줄을 따라서 15~17개의 작은 돌기물이 있다.

아귀

분 포

우리나라 서해, 남해, 동해남부, 일본 북해도 이남해역, 동중국해, 서태평양. 인도양

서식지

가을철 동중국해에서 수온 17~20℃, 수심 30~500m에 주로 서식한다.

형 태

머리는 크고 납작하여 폭이 넓으며 몸통부분과 꼬리는 가늘고 짧은 편이다. 몸 주위에는 많은 피질 조각이 붙어 있다. 아가미구멍은 퇴화하여 작은 구멍으로 있고 가슴지느러미 뒤쪽에 위치한다. 입은 몹시 크며 아래턱은 위턱보다 길고 양턱에 강하고 크기가 여러 형태인 빗모양의 이빨이 밀생한다. 입안은 검은 색이며 혀의 앞부분에는 둥근 백색의 반점이 많이 있다. 가슴지느러미는 매우 크고 등지느러미의 첫 번째 가시는 먹이 유인장치로 길게 변형되어 있으며 그 끝은 피질 조각으로 되어 있다. 주둥이 앞부분에서 눈 위의 융기선 위에 3~4개의 작은 가시가 있다.

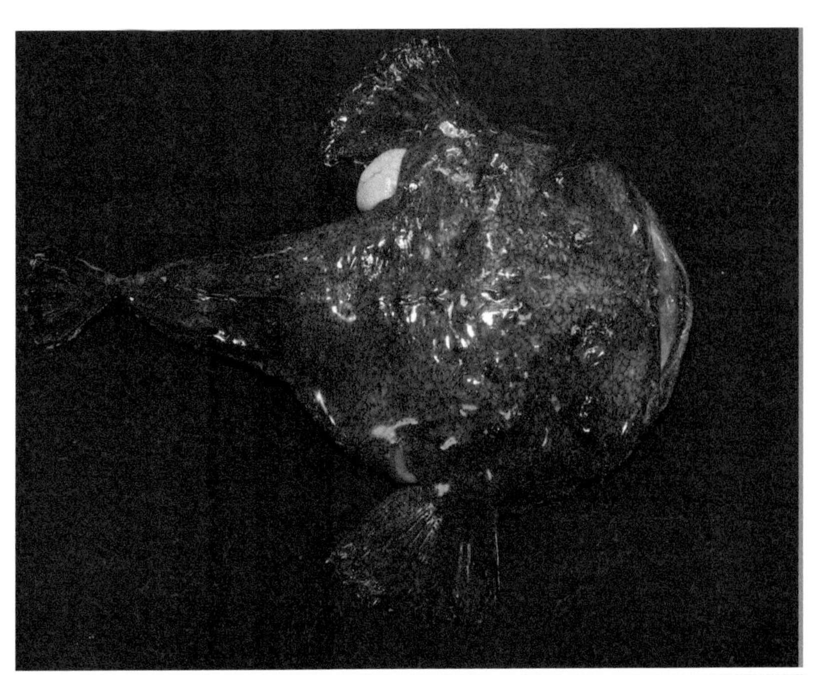

황아귀

분 포

우리나라 서 · 남해, 일본 북해도 이남해역, 동중국해, 발해만

서식지

10~12월경에는 발해와 황해 연안 등지에서 남쪽으로 이동하여 겨울철 제주도 서방해역의 깊은 곳에서 월동하고 수온이 올라가면 북쪽으로 이동하는 것으로 추정된다.

형 태

머리는 크고 납작하여 폭이 넓으며 몸통부분과 꼬리는 가늘고 짧은 편이다. 몸 주위에는 피질 조각들이 붙어 있고 아가미 구멍은 가슴지느러미 뒤쪽에 위치한다. 입은 몹시 크며 아래턱이 위턱보다 길고 양턱에는 강하고 크기가 여러 형태인 빗모양의 이빨이 밀생한다. 입안에 백색반점이 없으며 몸 표면은 비늘이 없고 연약하다. 가슴지느러미는 크고 제 1등지느러미의 첫번째 가시는 먹이 유인장치로서 그 끝부분이 아귀보다 피질조각 부분이 길고 두툼하다. 주둥이 앞 부분에서 눈 위의 융기선상에 작은 가시가 없다.

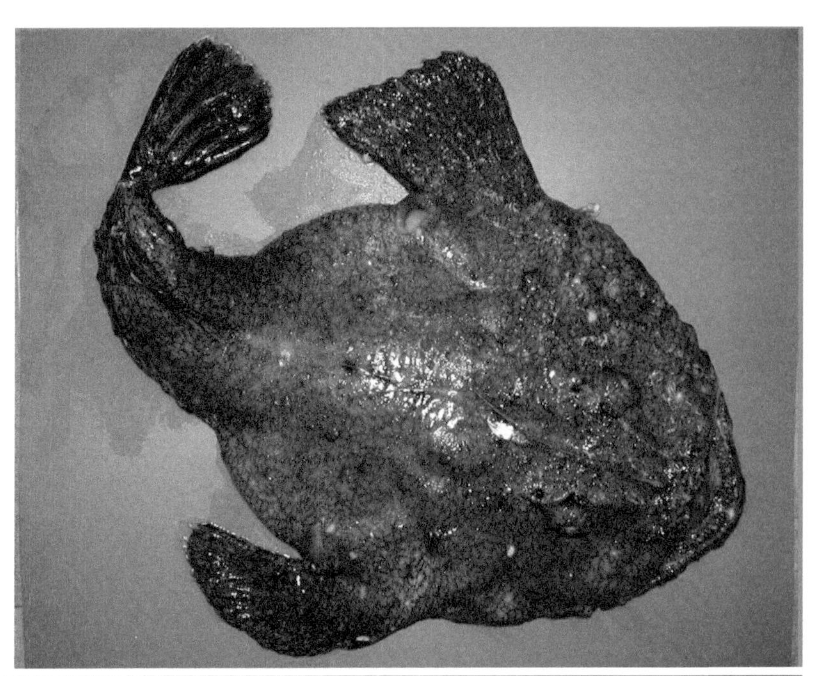

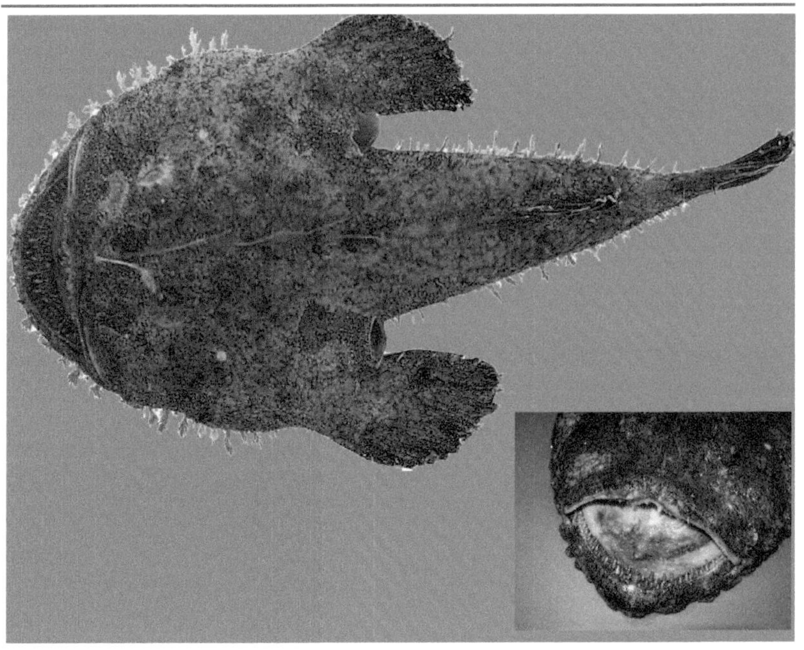

연어

분 포

우리나라 동해, 일본, 오호츠크해, 북아메리카 서부

서식지

북태평양의 표층~수심 80m에 주로 분포한다.

형 태

몸은 약간 가늘고 긴 편으로 측편되고 꼬리자루는 가늘다. 양 턱의 이빨은 송곳니 모양으로 뾰족하다. 머리는 원추형이며 주둥이는 약간 뾰족한 편이다. 배지느러미는 배의 정중앙에 위치하며 각 지느러미에는 가시가 없다. 기름지느러미가 있다. 비늘은 비교적 크다.

붉은메기

분 포

우리나라 남 · 동해 남부, 일본 남부해, 동중국해

서식지

심해성 어종으로 제주도 남방 해역에서는 대륙붕 가장자리 수심 100~140m 부근에 많이 서식한다.

형 태

몸은 길고 측편하며 뒤쪽으로 갈수록 가늘어져 꼬리부분은 뾰족한 편이다. 주둥이는 둔하며 위턱이 아래턱보다 약간 돌출한다. 머리에는 비늘이 없으며 양 턱에는 폭이 넓고 조잡한 융털모양의 이빨 띠가 있다. 등지느러미와 뒷지느러미는 꼬리지느러미와 연결되어 있다. 등지느러미와 뒷지느러미의 후반부 및 꼬리 지느러미는 검은색을 띤다. 배지느러미는 실처럼 가늘고 눈 아래 배쪽에서 시작되며 그 뒤끝은 가슴지느러미 시작 부분까지 도달한다. 아가미뚜껑 뒤끝부분에는 단단하고 뾰족한 1개의 가시가 있다.

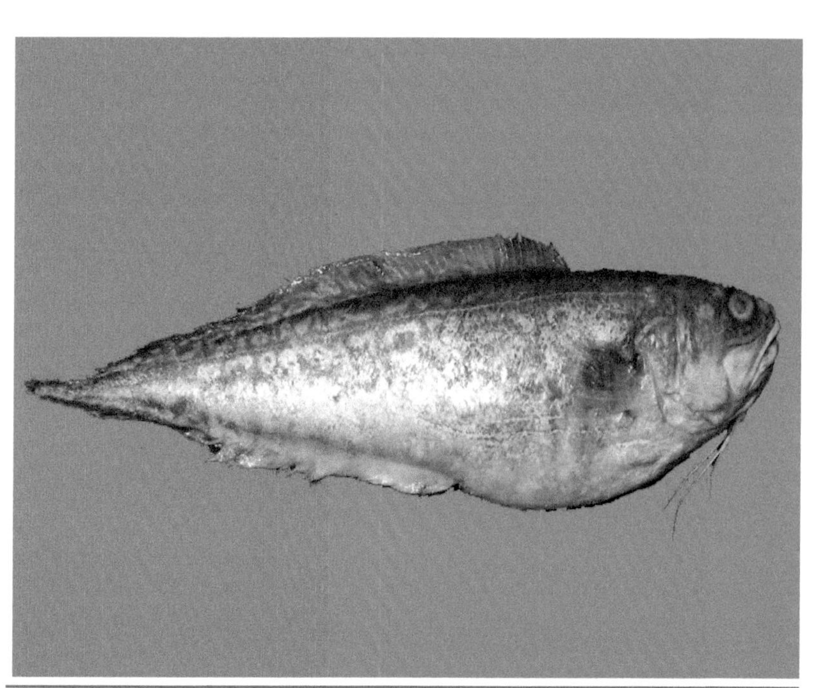

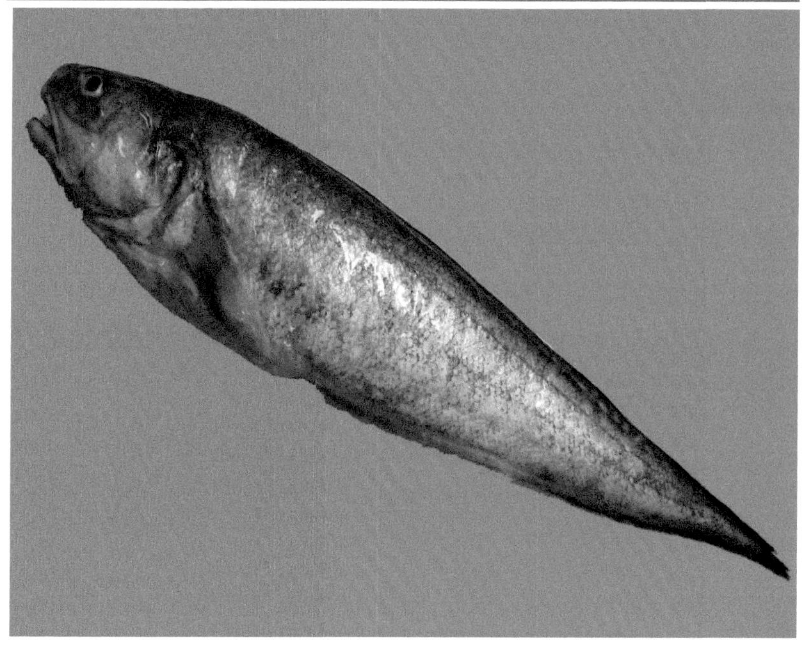

그물메기

분 포

우리나라 동해, 일본 남부해, 황해, 동중국해

서식지

제주도 남쪽해역에서 대만 북부해역에 걸쳐 수심 60～120m(특히 100～120m) 전후되는 해역에 주로 서식한다.

형 태

몸은 길고 측편하며 꼬리부분 뒤끝은 뾰족하다. 주둥이는 둥글고 둔하며 입보다 약간 돌출해 있다. 머리와 몸 전체에 작은 둥근비늘이 덮여있다. 배지느러미는 실처럼 길며 눈 뒤 끝보다 약간 뒤쪽에서 시작된다. 아가미뚜껑의 아래쪽에 2개의 가시와 위쪽 후방에 강한 1개의 가시가 있다. 등지느러미와 뒷지느러미의 기저는 매우 길고 꼬리지느러미와 연결되어 있다.

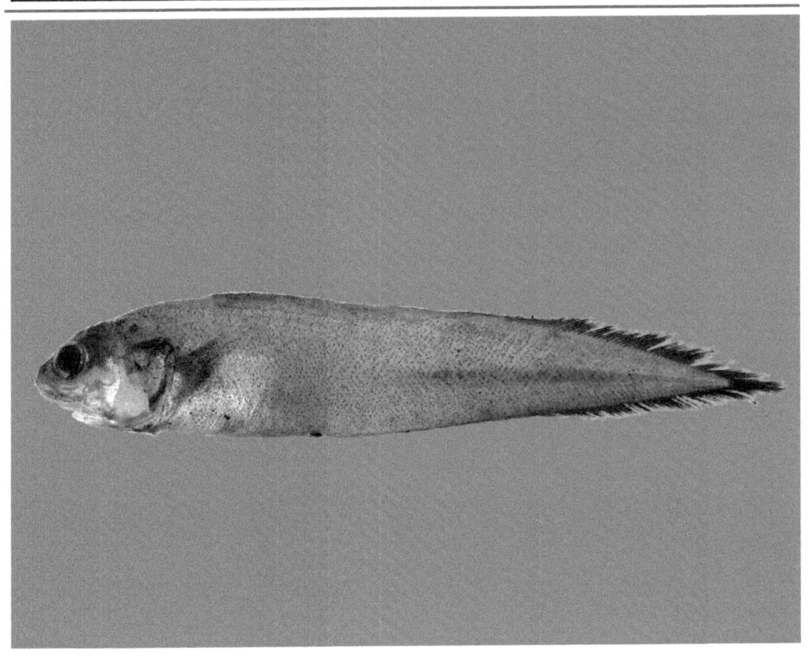

양미리

분 포

우리나라 동해, 일본, 연해주, 오호츠크해

서식지

연안의 약간 깊은 곳에서 무리를 지어 서식한다.

형 태

몸은 가늘고 긴 원통형이며 약간 측편한다. 주둥이는 뾰족하고 아래턱이 위턱보다 튀어 나와 있으며 양 턱에 이빨이 없다. 등지느러미와 뒷지느러미는 몸 뒤쪽에 위치하고 서로 대칭이며 연조로만 구성되어 있다. 배지느러미 및 비늘이 없다. 옆줄은 거의 직선으로 옆구리의 중앙을 달려 꼬리지느러미에 도달한다. 좌우의 아가미 막은 서로 합쳐져 목덜미에서 갈라져 있다.

청멸

분 포

우리나라 서 · 남해, 중국 등을 비롯한 서부태평양의 아열대 및 온대 해역에 분포

서식지

부유성 어류로 군집을 이루며, 주로 연안의 내만에 서식한다.

형 태

몸은 소형으로 매우 측편한다. 가슴지느러미는 몸의 배쪽에 치우쳐 있고 배지느러미는 등지느러미 기부와 가슴지느러미 끝부분 가운데에 위치한다. 주둥이는 뾰족하고 위턱은 아래턱보다 현저히 앞쪽으로 돌출한다. 양 턱에는 매우 작은 이빨이 한 줄로 나 있다. 위턱의 뒤끝은 길어서 눈을 훨씬 지나지만 아가미뚜껑의 뒤 가장자리를 넘지는 않는다. 배의 한 가운데는 날카로운 모비늘이 배지느러미 앞쪽에 12~15개, 뒤쪽에 9~11개가 한 줄로 형성되어 있다. 체장은 체고의 4.5배이다. 새조골은 11개이다.

멸치

분 포

우리나라 전 연안, 일본 전 연안, 중국 연안

서식지

수심 20m 이내의 대륙붕 해역으로 아침에는 5m층 내외, 낮에는 10m층 내외, 저녁에는 거의 표층에서 생활한다.

형 태

몸은 다소 긴 원통형이며 주둥이는 돌출되어 있다. 입은 약간 아래쪽으로 향하고 위턱이 아래턱보다 길다. 입은 눈보다도 훨씬 뒤쪽까지 위치하며, 눈에는 기름눈까풀이 있다. 양 턱에는 1줄의 작은 이빨이 있다. 등지느러미는 몸의 거의 중앙에 위치하고 가슴지느러미는 배쪽에 가깝게 위치한다. 배지느러미는 등지느러미보다 앞쪽에서 시작하며, 뒷지느러미는 등지느러미보다 뒤쪽에 위치한다. 배쪽 가장자리에는 모비늘이 없다. 몸에는 옆줄이 없다.

반지

분 포

우리나라 서 · 남해, 동중국해, 중국연안, 발해만

서식지

서해안에서는 가을철에 황해냉수의 영향을 받지 않는 수심 30~60m 층에서 남쪽으로 이동하여 일향초 북서해역의 수심 80~90m 층에서 겨울철 월동을 하고 3~4월이 되면 북쪽으로 이동하여 발해만, 산동반도 등에서 여름철을 보낸다. 제주도 남방 해역에서 겨울을 월동한 무리는 봄이 되면 중국 강소성 연안으로 이동하여 산란 서식하다가 가을이 되면 제주도 남방 해역으로 월동하여 이동한다.

형 태

몸은 약간 긴 편으로 측편되고 머리부분은 작은 편이다. 입은 매우 크고 위턱은 길어 그 뒤끝부분이 아가미뚜껑의 뒤 끝 부분 가까이 도달한다. 가슴지느러미 가장 위부분의 연조는 실처럼 길게 뻗어 항문까지 도달한다. 배부분은 둥글고 그 가장자리에 모비늘이 배지느러미 앞쪽에 18~21개, 뒤쪽에 7~8개가 줄지어 있다. 뒷지느러미는 등지느러미 시작부분보다 앞쪽에서 시작한다. 뒷지느러미 기저 길이가 매우 긴 편으로 꼬리지느러미 가까이 도달한다. 비늘은 큰 둥근비늘이며 탈락하기 쉽다.

웅어

분 포

우리나라 서 · 남해, 중국 연안, 발해만, 동중국해

서식지

담수의 영향을 많이 받는 연안의 내만이나 큰강 하구역에 주로 서식한다.

형 태

몸은 길고 측편하며 꼬리로 갈수록 점차 가늘어 진다. 입은 크고 위턱은 길어 그 뒤끝부분이 눈보다도 훨씬 뒤쪽에 위치한다. 등지느러미는 작고 몸의 앞쪽에 위치하며 배지느러미와 거의 같은 위치에서 시작한다. 뒷지느러미는 아주 길게 자리잡고 있으며, 꼬리지느러미와 연결되어 있다. 가슴지느러미는 윗부분의 6개 연조가 각각 떨어져 길게 뻗어 있으며 그 뒤끝 부분이 뒷지느러미가 시작되는 부분보다 훨씬 뒤쪽까지 미친다. 주둥이는 짧고 그 앞쪽 끝은 둥글게 돌출한다. 몸에는 탈락하기 쉬운 둥근 비늘로 덮여 있으며 배쪽 가장자리에는 모비늘이 43~61개가 있다.

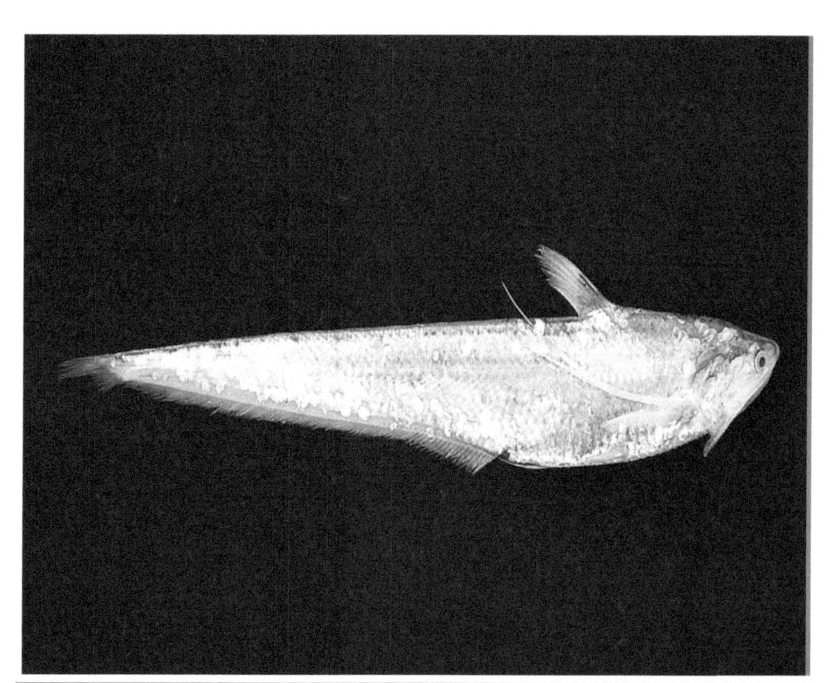

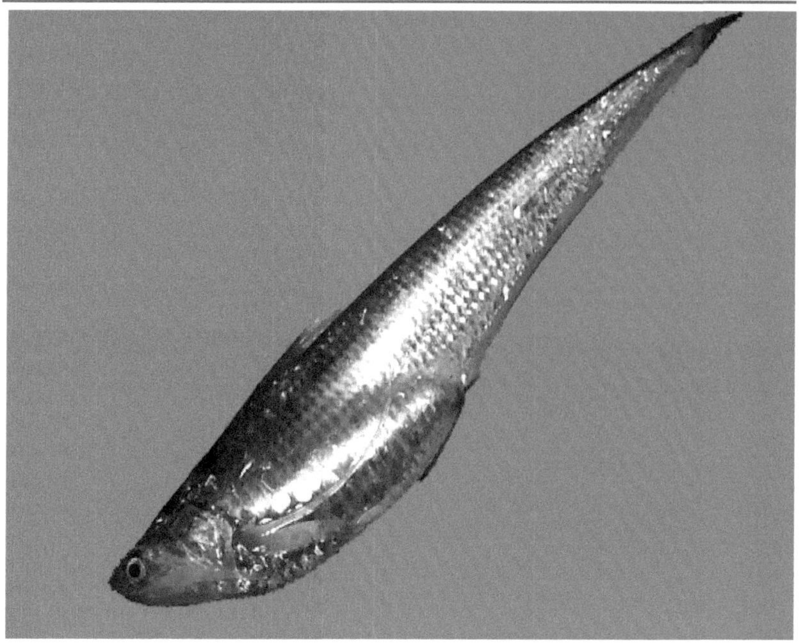

정어리

분 포

우리나라 남 · 동해, 일본, 동중국해

서식지

제주도 동남부 해역에서 겨울철 월동하다가 봄이 되면 북상하기 시작하여 여름에는 전 동해에 걸쳐 서식하고, 가을이 되면 남하하여 산란 해역 부근에서 월동한다.

형 태

몸은 긴 원통형이지만 배쪽은 다소 측편하며 아래턱이 약간 돌출한다. 양턱에는 작은 이빨이 있고 눈에는 투명한 기름눈까풀이 있다. 옆줄은 없고 몸 표면은 떨어지기 쉬운 둥근비늘로 덮여 있으며 배쪽 가장자리에는 모비늘이 있다. 등지느러미는 배지느러미보다 약간 앞쪽에 위치한다. 아가미뚜껑 표면에는 비스듬한 방사상 융기선이 많이 있다.

청어

분 포

한해성 어류로 우리나라 동해, 일본북부, 발해만, 북태평양 등에 분포

서식지

서해안에서는 수온이 내려가는 10월경 황해북부 및 발해만에서 남쪽으로 이동하여 서해의 근해에서 월동하고, 봄이 되면 북쪽으로 이동한다. 동해안에서는 항상 수온이 약 2~10℃로 유지되는 저층 냉수대에서 서식하며, 산란기 이외에는 해저 근처에 흩어져 서식하다가 산란기에 대군을 이루어 북상한다.

형 태

몸의 형태는 정어리와 비슷하지만 몸 높이가 높고 배부분이 크게 측편한다. 아래턱이 위턱보다 돌출하며 양 턱에는 작은 이빨이 있다. 아가미뚜껑 표면에는 방사상의 융기선이 없으며 눈에 기름눈까풀이 있다. 체측에 1줄의 암청색 점이 없다. 아가미구멍 뒷부분에는 육질의 돌기가 없다. 배지느러미 전후에는 모비늘이 있으며 그 수는 11~13개이다. 배지느러미는 등지느러미 바로 아래에 위치한다. 비늘은 떨어지기 쉬운 둥근 비늘이며 옆줄은 잘 보이지 않는다.

눈퉁멸

분 포

우리나라 전 연안, 일본 중부이남, 동중국해, 태평양, 인도양, 대서양

서식지

난해성, 외양성으로 대륙붕 가장자리의 따뜻한 물에 주로 서식하며, 거의 이동하지 않는다.

형 태

몸은 원통형에 가깝고 긴 편이다. 배부분은 둥근 편이며 모비늘이 없다. 눈의 표면은 투명한 막인 기름눈까풀로 덮여있다. 양 턱의 앞쪽에는 작은 이빨이 있다. 옆줄은 없으며 몸 표면은 떨어지기 쉬운 둥근비늘로 덮여있다.

샛줄멸

분 포

우리나라 남해, 제주도 연해, 일본 중부이남, 동중국해, 대만

서식지

따뜻한 물의 영향을 많이 받는 연안에 주로 서식하며, 이동은 거의 하지 않는다.

형 태

몸은 가는 원통형으로 앞뒤가 측편하며 주둥이는 원추형으로 다소 뾰족하다. 양 턱은 거의 같은 길이이고 위턱의 뒤끝은 눈까지 도달하지 않는다. 등지느러미는 몸의 거의 중앙에 위치하나 뒷지느러미는 작고 뒤쪽에 위치하며 배지느러미는 등지느러미 뒤끝 아래에 위치한다. 배쪽 가장자리는 둥글며 모비늘이 없다. 눈에는 투명한 기름눈까풀이 있으며 양 턱에는 이빨이 없다.

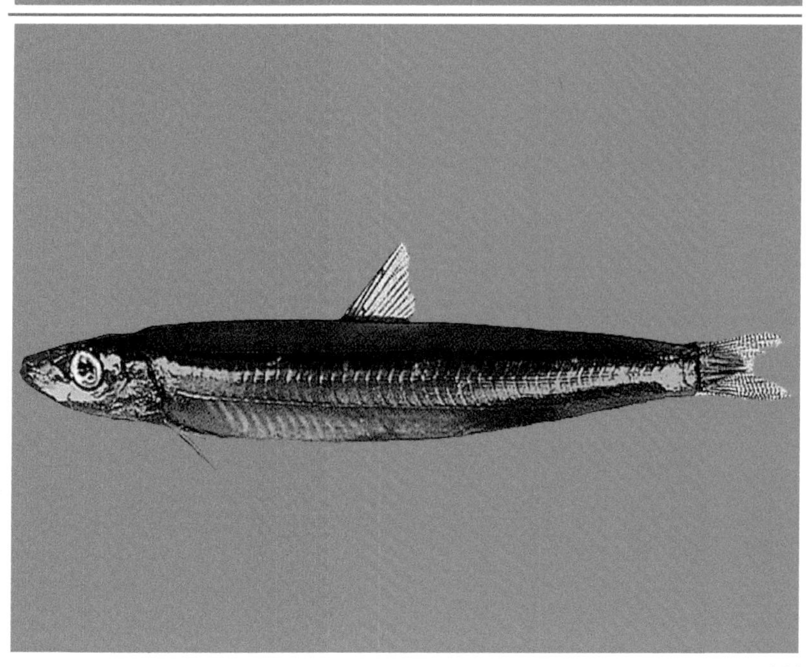

전어

분 포

우리나라 전 연근해(특히 남해), 일본 중부이남해역, 발해만, 동중국해

서식지

연안의 표층~중층에 서식하는 연안성어종으로 큰 회유는 하지 않지만 일반적으로 6~9월에는 바깥바다에 있다가 10~5월에는 연안의 내만으로 이동하여 생활한다.

형 태

몸은 매우 측편되고 입은 작고 눈에는 기름눈꺼풀이 있다. 배지느러미는 등지느러미 바로 아래에 있으며 등지느러미의 마지막 줄기는 실처럼 길게 뻗어 있다. 배쪽 가장자리에는 1줄의 모비늘이 있으며 배지느러미 뒤쪽에 있는 모비늘은 12~15개이다. 비늘은 둥근비늘이며 옆줄은 잘 보이지 않는다.

밴댕이

분 포

우리나라 서 · 남해, 일본 북해도 이남, 동남아시아

서식지

바깥 바다와 면해 있는 연안 또는 내만의 모래바닥에 주로 서식하며, 강하구부근까지 올라간다.

형 태

몸은 약간 가늘고 길며 매우 측편한다. 아가미뚜껑의 가장자리에는 2개의 육질돌기가 있다. 아래턱은 위턱보다 돌출하고 한 줄의 작은 이빨이 나 있다. 배부분의 가장자리에는 날카로운 모비늘이 많이 나 있다. 꼬리지느러미 뒤 가장자리는 검지 않다. 등지느러미는 몸의 중앙에 위치하며, 그 아래에 배지느러미가 위치한다. 뒷지느러미는 몸 뒤쪽에 위치하며 꼬리지느러미는 깊게 패여 있다. 비늘은 둥근비늘로 크고 떨어지기 쉽다. 입은 거의 수직으로 위쪽을 향해 있다.

준치

분 포

우리나라 서 · 남해, 일본 남부해, 동중국해, 동남아시아, 인도

서식지

우리나라에 회유해 오는 무리는 겨울철에 제주도 서남 해역에서 월동하다가 봄이 되면 북쪽으로 이동하여 강하구나 기수역에서 산란하고 그 후 서해안 및 남해안에 흩어져 서식하다가 가을이 되면 남쪽으로 이동하여 월동한다.

형 태

몸은 옆으로 납작한 편이며 입은 크고 위로 향하고 있다. 아래턱이 위턱보다 훨씬 돌출하고 양 턱에 이빨이 없다. 배부분은 납작하며 그 가장자리에는 배지느러미 앞쪽으로 23~25개 뒤쪽으로는 10~14개의 모비늘이 있다. 몸은 엷은 둥근비늘로 덮여있으며 옆줄은 없다. 배지느러미는 작고 등지느러미보다 앞쪽에 위치한다. 뒷지느러미는 등지느러미 중앙보다 약간 뒤 부분에서 시작한다.

매퉁이

분 포

우리나라 서 · 남해, 일본 중부이남 해역, 동중국해, 서태평양, 인도양

서식지

바닥이 모래나 뻘질인 수심 70~100m 인 대륙붕 위에 주로 서식한다.

형 태

몸은 원통형으로 가늘고 긴 편이며 머리는 납작한 편이다. 꼬리지느러미 위쪽 가장자리에 1줄의 암색점이 나란히 있는 경우 아래쪽 가장자리는 검거나 백색이며 암색점이 없거나 불분명한 경우 아래쪽 가장자리는 백색이다. 입은 크고 주둥이는 뾰족하며 눈에는 기름눈꺼풀이 있다. 양 턱 길이는 같으며 각각 뾰족한 이빨이 있다. 가슴지느러미 뒤끝은 배지느러미 기부를 넘는다. 등지느러미 앞쪽의 연조는 뒤쪽의 것보다 훨씬 길며 뒤쪽에 기름지느러미가 있다. 비늘은 둥근비늘이며 크고 떨어지기 쉽다.

황매퉁이

분 포

우리나라 남부, 전 대양의 열대, 온대 해역

서식지

일반적으로 서식 수심은 100m 이내이나 30~40m 의 모래 바닥에서 많이 서식한다.

형 태

몸의 횡단면은 원형에 가까운 타원형이며 뒤쪽으로 갈수록 측편된다. 눈은 머리의 앞쪽에 치우쳐 있고 두 눈 사이는 만입되어 있다. 주둥이는 매우 짧아서 안경보다 작다. 입은 매우 크며 비스듬히 경사져 있고 위턱의 뒤끝은 머리의 가운데에 달한다. 양턱에는 매우 날카로운 이빨이 2줄로 나있고 구개골과 혓바닥에도 이빨이 있다. 등지느러미는 몸의 중앙보다 조금 앞쪽에 위치하며 기저의 길이는 짧고 1번째 연조가 가장 길다. 가슴지느러미는 작고 배지느러미 기저에는 보조비늘이 있다. 뒷지느러미 기저 뒤끝의 등쪽에는 1개의 작은 기름지느러미가 있다. 배지느러미는 바깥쪽 연조보다 안쪽 연조가 더 길다.

날매퉁이

분 포

우리나라 서 · 남해, 일본 남부해, 발해만

서식지

서해 계군은 여름철에 중국 발해 연안에서 산란을 마치고 점차 남쪽으로 이동하여 9~10월에는 중국 산동성 근해, 11~12월에는 북위35° 선까지 이동하며, 그 후 수온이 더욱 내려가면 일부는 제주도 서방해역까지 이동하고 봄이 되면 북쪽으로 이동한다. 남해 계군은 제주도 주변 해역에서 일본 큐슈 서해안에 걸쳐 분포하는 어군으로 여름철에 우리나라 남해 연안 일대와 일본 큐슈 북서연안으로 이동하여 산란하고 가을이 되면 제주도 남방해역으로 이동한다.

형 태

몸은 원통형으로 가늘고 긴 편이며 머리와 꼬리자루 부분은 약간 납작한 편이다. 눈은 작고 기름눈까풀이 있다. 입은 크고 양 턱의 이빨은 뾰족하다. 뒷지느러미 맞은 편에 기름지느러미가 있다. 등지느러미는 몸 중앙보다 앞쪽에 뒷지느러미는 몸 중앙보다 뒤쪽에 위치한다. 비늘은 작고 잘 떨어지지 않는다. 가슴지느러미는 짧아 뒤끝이 배지느러미 시작부분에도 미치지 못한다.

히메치

분 포

우리나라 남부해, 일본 남부해, 필리핀, 하와이

서식지

제주도 남쪽해역으로 바닥은 조개껍질이 섞인 모래질이며, 수심 200m 전후되는 대륙붕 가장자리에 주로 서식한다.

형 태

각 지느러미에는 적색과 황색의 줄무늬가 있으며 특히 수컷의 경우 등지느러미 앞부분(1~6연조)에는 큰 붉은 반점이 있고 뒷지느러미에는 폭넓은 1줄의 황색 가로 띠가 있으나 암컷에는 없다. 몸은 약간 가늘고 길며 측편되고 등이 높은 편이며 기름지느러미가 있다. 눈은 커서 주둥이 길이보다 길다. 주둥이는 뾰족하고 양 턱에 미세한 이빨이 있다. 등지느러미는 크고 제 4번째 연조가 가장 길며 마지막 연조의 뒤끝은 기름지느러미까지 도달한다.

매가오리

분 포

우리나라 동 · 남해, 일본 홋카이도 이남, 중국을 비롯한 온대와 아열대역에 분포

서식지

수심 200m 이내에서 잘 활동하며 해저 바닥 부근의 암초역의 모래 바닥에서 주로 발견된다.

형 태

체반은 폭이 몹시 넓고 마름모꼴이며 폭은 길이의 1.7배 또는 그것보다 약간 크다. 머리모양은 매와 비슷하게 생겼다. 주둥이 앞쪽에 혹같이 돌출한 머리지느러미(cephalic fins)가 형성되어 있다. 한 개의 등지느러미가 있으며 배지느러미 뒤끝 보다도 더 후방에 있다. 꼬리지느러미는 말채찍 모양이고 한 개의 날카로운 독가시가 있다. 양 턱의 이빨은 둥글고 중앙에 1열 그 좌우에 3열이 부석상(敷石狀)으로 늘어선 치판을 형성하며, 중앙열의 이가 특히 커서 이 한 개의 폭은 길이의 4~5배이다. 몸에 비늘은 없으나 좀 거칠다.

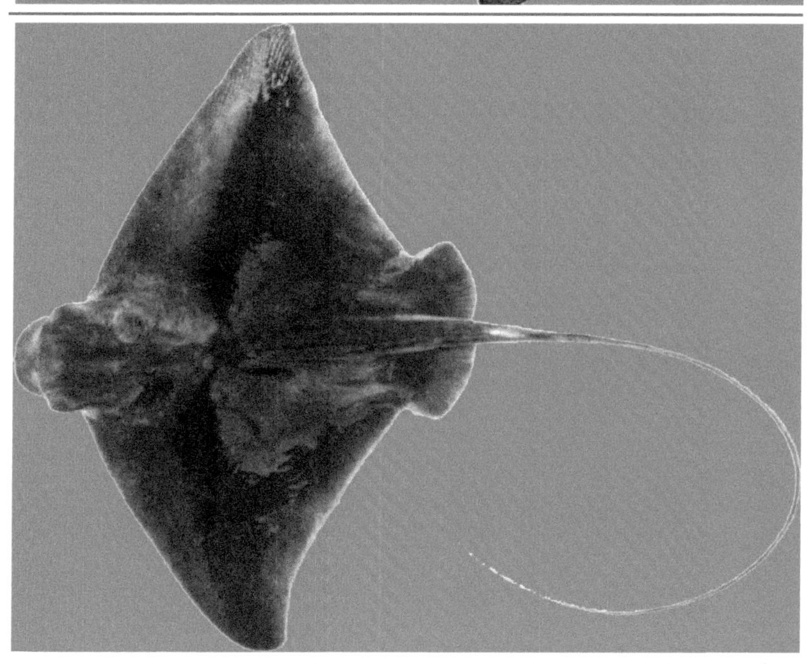

흰가오리

분 포

우리나라 서 · 남해, 일본 남부해, 동중국해, 대만북부

서식지

수심 90m 이상 되는 대륙붕 위에 주로 서식한다.

형 태

몸은 5각형에 가깝고 편평하다. 주둥이는 짧고 눈은 작다. 입안에는 3개의 돌기가 있으며 그 가운데 중앙의 것은 끝이 두 갈래로 갈라져 있다. 꼬리는 두툼하고 짧은 편이다. 둥근 꼬리지느러미를 가지나 등지느러미는 없다. 몸 전체에 비늘이 전혀 없으며 대신에 점액질을 많이 분비한다.

목탁가오리

분 포

우리나라 서 · 남해, 일본 중부이남, 발해, 동중국해

서식지

큰 강 하구의 수심 50~60m 이내의 바닥에 주로 서식한다.

형 태

몸통은 편평하고 둥글지만 꼬리부분은 뒤쪽으로 갈수록 가늘어진다. 주둥이는 짧고 그 앞 끝은 둔하고 둥글다. 눈은 작은 편이고 바로 뒤쪽에 분수공이 있으며 아가미구멍은 배부분에 위치한다. 양 턱의 이빨은 아주 작고 편평하다. 등지느러미는 2개로서 배지느러미보다 훨씬 뒤쪽에 위치하고 뒷지느러미는 없다. 등쪽 중앙에는 1줄로 혹같은 돌기가 제1등지느러미 기부까지 배열되어 있다.

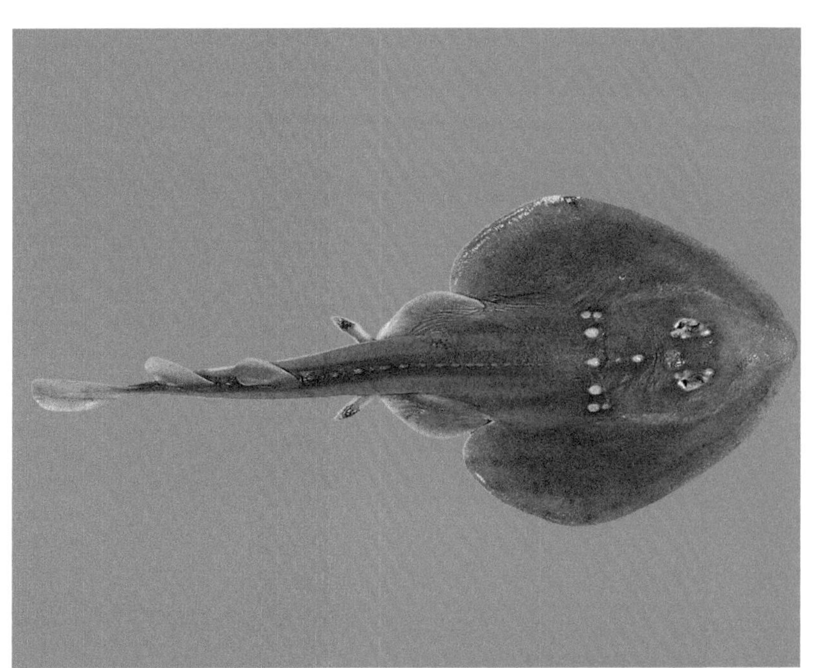

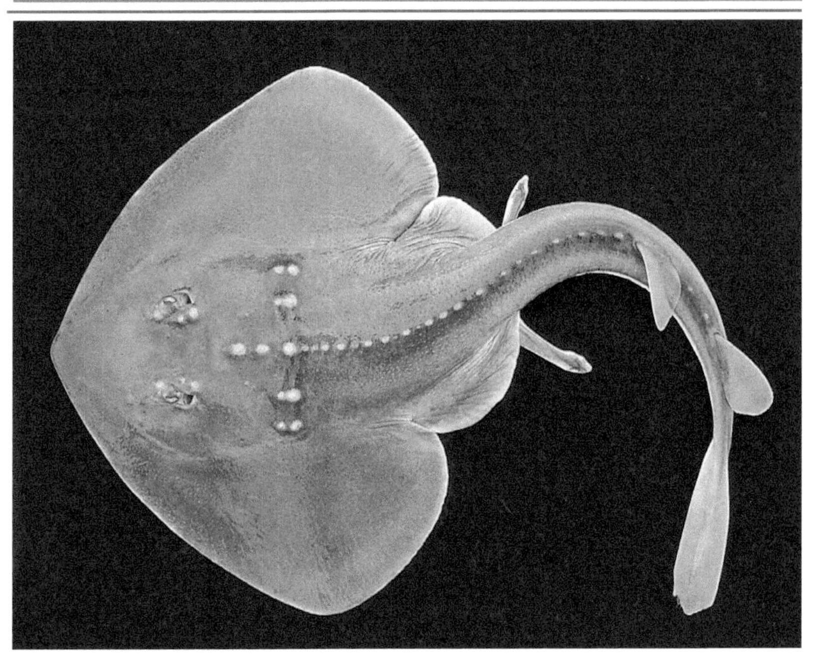

노랑가오리

분 포

우리나라 서 · 남해, 일본 중부이남, 발해, 황해, 동중국해, 인도양

서식지

바닥이 모래질인 비교적 연안의 얕은 바다에 주로 서식한다.

형 태

몸은 거의 5각형에 가깝고 편평하다. 주둥이는 짧고 약간 뾰족하다. 아래턱 안쪽에는 큰 것 3개, 작은 것 2개의 피질돌기가 있다. 꼬리는 채찍 모양으로 길어 몸통길이의 1.5배~2배이다. 배지느러미는 작으며 등 · 꼬리지느러미가 없다. 몸 등쪽에서 꼬리에 걸쳐 1줄의 작은 가시가 줄지어 있으며 뒤쪽으로 갈수록 날카롭다.

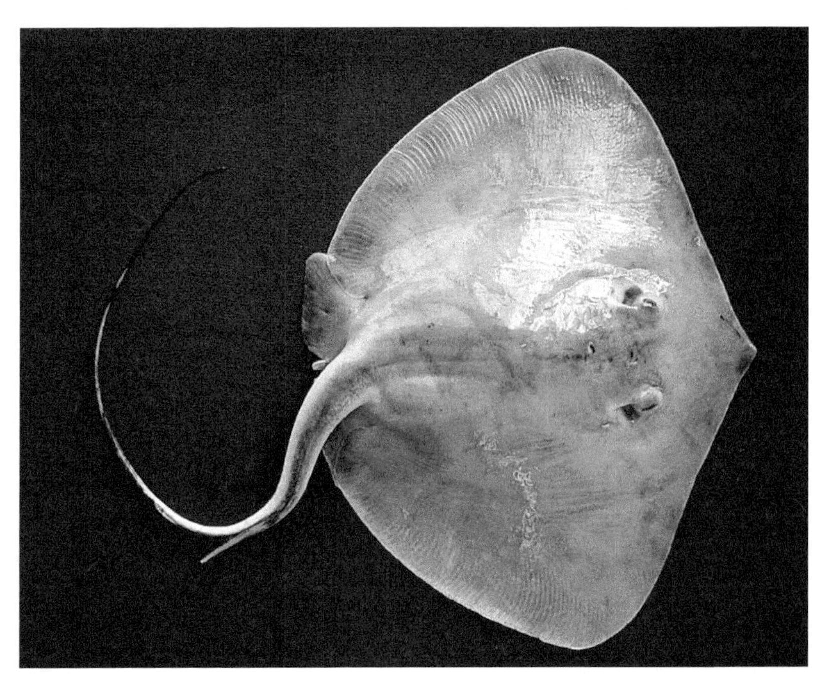

가래상어

분 포

우리나라 서 · 남해, 일본 남부해, 발해, 동중국해

서식지

근해의 모래바닥에 숨어살고 동작은 매우 느리다. 여름에는 얕은 곳으로 겨울에는 깊은 곳으로 이동하여 서식한다.

형 태

가슴지느러미와 배지느러미는 맞붙어 있다. 뒷지느러미는 없고 꼬리지느러미는 있으나 작은 편이다. 등과 배 전체에 미세한 비늘이 덮여있다. 몸은 편평하고 머리의 폭은 넓으며 주둥이는 삼각형으로 길게 앞으로 돌출한다. 아가미구멍은 5쌍으로 배부분에 위치한다. 주둥이의 앞 끝은 둥글고 주둥이 앞부분의 배쪽은 검은 색을 띤다. 등지느러미는 2개이며 가시가 없고 제1등지느러미는 배지느러미보다 훨씬 뒤쪽에서 시작된다.

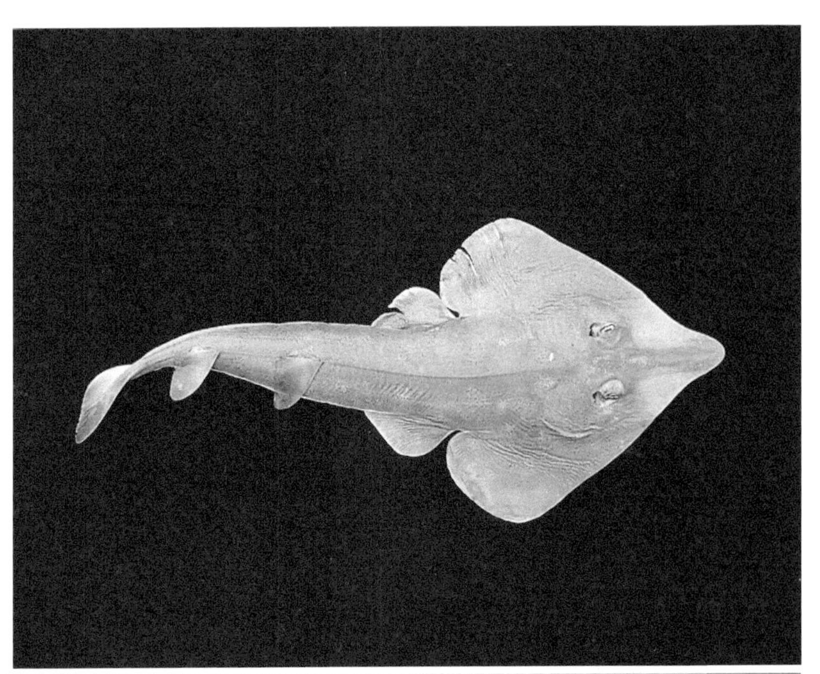

고려홍어

분 포

우리나라의 제주해협(목포~제주 북부해역)에 주로 분포하며, 가끔 일본의 쓰시마 서부연해도

서식지

대륙붕~대륙사면의 수심 30~70m 내외에 서식한다.

형 태

체반은 거의 마름모꼴이고 주둥이는 약간 뭉툭하고 짧다. 전담기연골(propterygium)의 앞쪽과 주둥이 끝이 서로 멀리 떨어져 있다. 분수공은 눈보다 작으며 입은 크고 약간 아취형을 이루며 가로로 형성된 51줄의 이빨 띠가 있다. 가시가 눈언저리에 10여 개 이상(13~16), 눈의 뒤 등쪽 중앙에 3개 그리고 꼬리 등쪽에 전방으로 향하는 수많은 가시 열이 형성되어 있다. 두 개의 등지느러미는 거의 비슷한 높이이고 꼬리의 끝 근처에 매우 가까이 위치한다. 아주 작고 낮은 꼬리지느러미가 등지느러미 뒤쪽에 발달해 있다. 콧구멍은 입과 떨어져 있으며 새열(아가미구멍)은 5쌍으로 3번째가 가장 넓다.

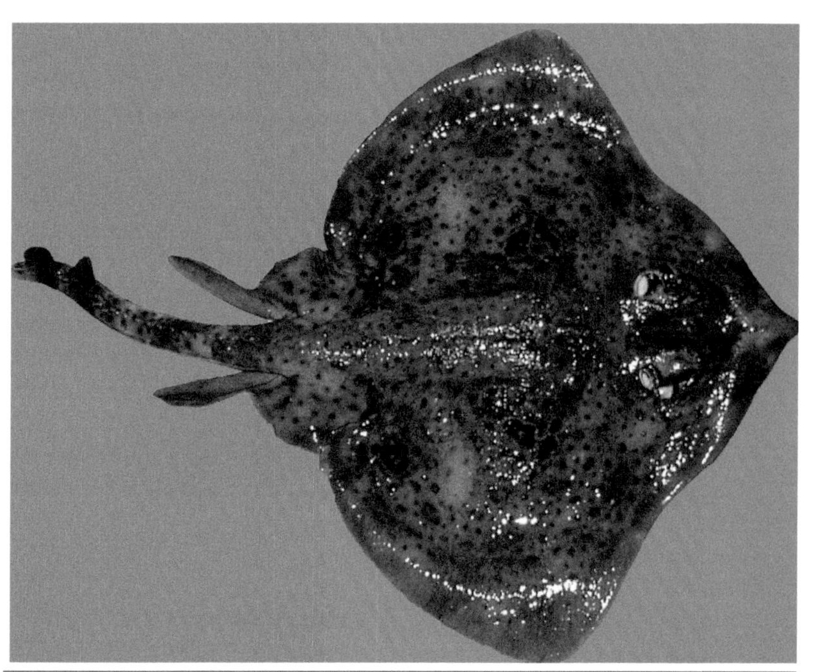

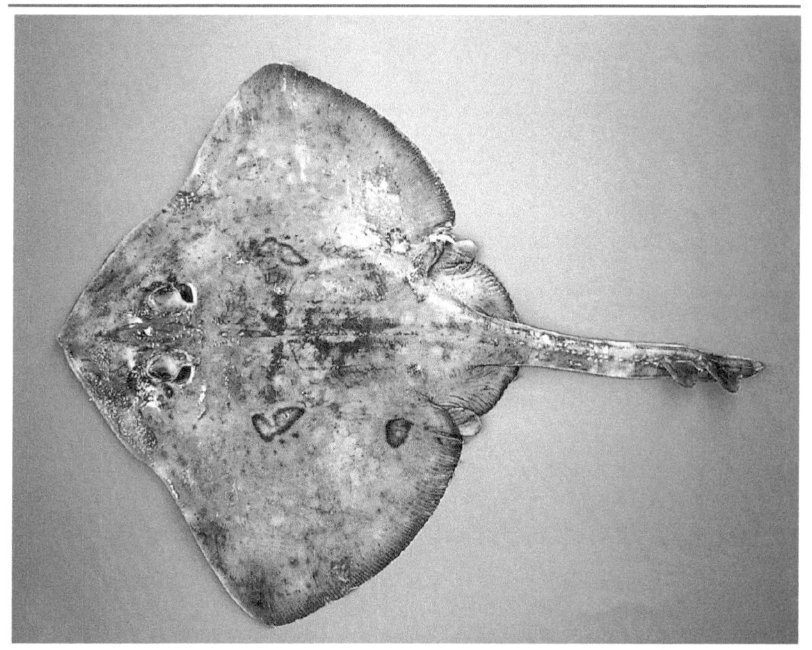

홍어

분 포

우리나라 서 · 남해, 동중국해, 일본 중부이남 해역

서식지

가을에 황해북부의 각 연안에서 남쪽으로 이동하기 시작하여 제주도 서쪽해역에서 남쪽해역에 걸쳐 겨울을 나며, 봄이 되면 북쪽으로 이동하여 중국 강소성, 산동반도 연안과 우리나라 서해안의 얕은 바다에 광범위하게 서식 분포한다

형 태

몸은 마름모꼴로 폭이 넓으며 머리는 작고 주둥이는 짧으나 돌출한다. 눈은 작고 분수공은 눈의 바로 뒤쪽에 가깝게 붙어 있다. 가슴지느러미는 크고 배지느러미는 작은 편이며 꼬리에 2개의 작은 등지느러미와 꼬리지느러미가 있으나 뒷지느러미는 없다. 꼬리의 등쪽 중앙에는 수컷은 1줄, 암컷은 3줄의 날카로운 가시가 줄지어 있다. 꼬리 양편의 밑쪽에 있는 꼬리주름은 폭이 좁고 그 앞쪽이 제1등지느러미의 기저까지 도달하지 않는다. 수컷은 배지느러미 뒤쪽에 막대기 모양의 2개의 교미기가 있다.

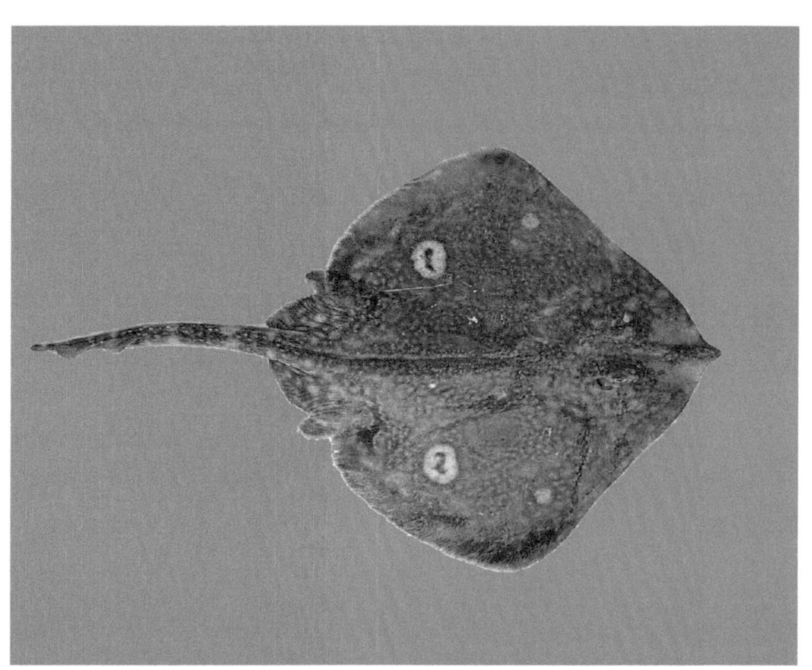

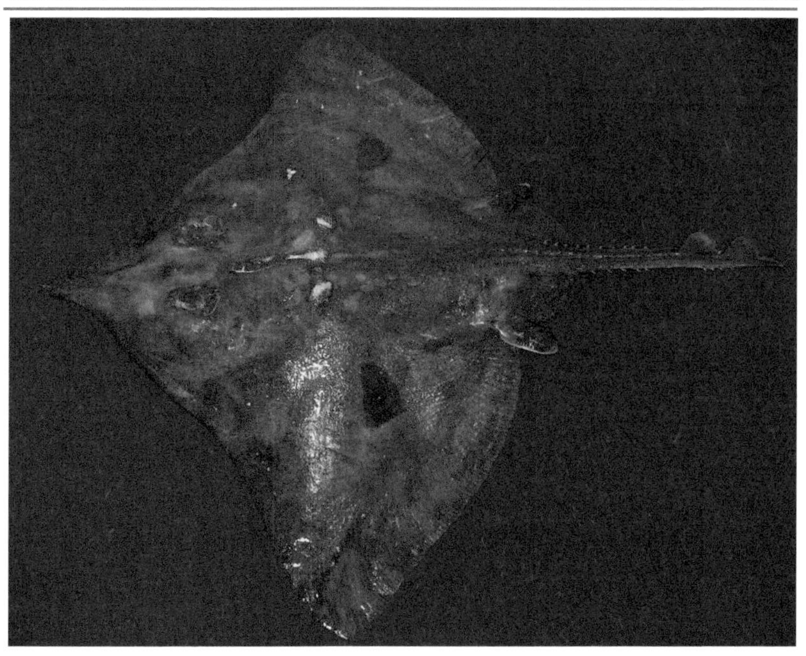

괭이상어

분 포

우리나라 서 · 남해, 일본 중부이남, 동중국해, 아프리카 동부

서식지

연안성 어류로서 운동은 그리 활발하지 않으며, 제주도 주변 해역의 바다 밑에 주로 서식한다.

형 태

몸은 가늘고 길다. 머리는 크고 단단하며 주둥이는 둔하다. 눈은 높은 편이며 눈 위는 융기되어 있고 두 눈 사이는 오목하다. 입은 폭이 넓고 아래쪽에 위치한다. 입술은 두툼하고 윗입술은 약 7개의 잎모양의 육질로 나누어져 있다. 양턱의 앞쪽에는 끝이 3~5개로 갈라진 이빨이 있으며, 그 뒤쪽으로는 큰 어금니가 있다. 등지느러미는 2개이고 각각 앞부분에 크고 단단한 가시가 하나씩 있다. 아가미구멍은 5쌍이며 이 중 뒤쪽의 3~4쌍은 가슴지느러미 기저 위에 있다.

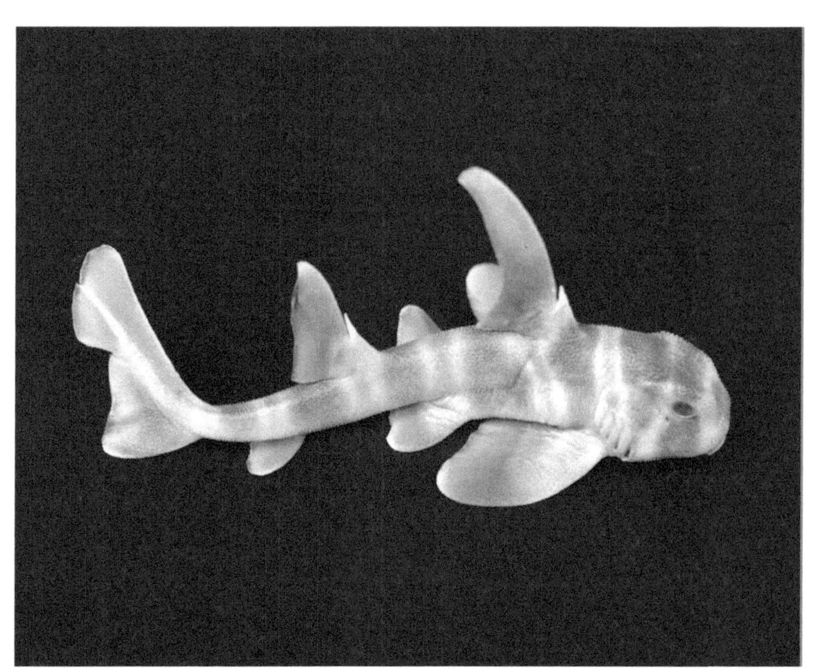

삿징이상어

분 포

우리나라 남동연안, 제주도 연해, 일본 남부해, 동중국해

서식지

온수성 어류로서 수심이 90m 이상되고 바닥이 조개껍질이나 펄 등이 섞인 모래질인 곳에 가라앉아 서식하며, 활발한 운동은 하지 않는다.

형 태

몸은 가늘고 길며 꼬리자루는 긴 편이다. 머리는 크고 단단하고 주둥이는 둥글고 둔하다. 눈은 높은 편이며 눈 위는 융기되어 있고 두 눈 사이는 오목하다. 입은 폭이 넓고 아래쪽에 위치한다. 입술은 두툼하다. 양턱의 앞쪽에는 끝이 3~5갈래로 갈라진 이빨이 있으며 그 뒤쪽으로는 큰 어금니가 있다. 등지느러미는 2개이며 그 앞쪽에 각각 1개의 크고 단단한 가시가 있다. 제 1등지느러미는 가슴지느러미 기저의 중앙 위쪽에서 시작한다. 제 1, 2등지느러미와 가슴지느러미의 뒷끝은 뾰족하다. 아가미구멍은 5쌍이고 이 중 뒤쪽의 3~4쌍은 가슴지느러미 기저 위쪽에 있다.

곱상어

분 포

우리나라 남동 연안, 중국, 일본, 전 세계의 온대와 남극해역에 분포

서식지

대륙붕~대륙사면(간혹 연안에 출현)에 서식하며 주 서식수심은 200m 내외의 심해 하층에 서식한다.

형 태

몸은 가늘고 길며 머리는 종편되어 있다. 등지느러미는 2개이고 기부에 강한 가시가 각각 1개씩 있다. 가슴지느러미는 배지느러미보다도 주둥이의 선단에 가깝고 제 1등지느러미 가시는 가슴지느러미 안쪽 모서리보다 뒤에 위치한다. 뒷지느러미가 없고 배지느러미는 제1등지느러미보다도 제 2등지느러미 쪽에 더 가깝다. 몸의 위 부분에 흰 점이 분포한다(때로는 희미하고, 성어의 경우는 불명확하게 된다). 아가미구멍은 5개이고 콧구멍은 눈과 주둥이의 가운데에 위치한다. 콧구멍 앞쪽의 피판(皮瓣)은 단순하다.

모조리상어

분 포

우리나라 전 연안, 일본 중부이남, 동중국해, 호주, 멕시코 만

서식지

제주도 남쪽에서 대만 북부해역에 이르는 수심 130~140m보다 깊은 대륙붕 가장자리에 주로 서식한다.

형 태

몸은 길고 머리는 납작하다. 콧구멍은 주둥이 끝 가깝게 있고 주둥이는 짧고 뾰족한 편이다. 가슴지느러미는 길고 그 뒤끝은 등지느러미가 시작되는 부분보다 더 뒤쪽에 위치한다. 등지느러미는 2개로서 각각 앞쪽에 1개의 단단한 가시가 있다. 배지느러미는 제 1등지느러미와 제 2등지느러미의 중간에 위치한다. 뒷지느러미는 없다.

꼬리기름상어

분 포

우리나라 남해, 일본 남부해, 동중국해, 서부태평양, 인도양, 지중해, 대서양

서식지

수심 200m 이상되는 연안 가까운 깊은 바다의 밑바닥에 주로 서식하며, 밤이 되면 수심 20~30m 되는 수층까지 올라온다.

형 태

몸은 방추형으로 길게 연장되어 있으며 몸통은 원통형이다. 주둥이는 가늘고 길며 뾰족하다. 눈에는 눈까풀이 없다. 윗턱과 아래턱의 이빨의 모양은 서로 다르며 아래턱 이빨이 크다. 등지느러미는 뒷지느러미보다 앞쪽에서 시작되고, 꼬리지느러미는 아주 길다. 아가미구멍은 7쌍으로 첫 번째 아가미구멍이 가장 길고 뒤로 갈수록 짧아진다. 비늘은 방패비늘로 소형이고 그 끝이 3갈래로 갈라져 있다.

청상아리

분 포

대서양, 인도양, 태평양의 온대에서 열대의 연안역 및 외양에 널리 분포

서식지

서식수심은 표층부근에서 수심 150m (적어도 500m) 전후에 주로 서식한다.

형 태

몸은 방추형이고 주둥이는 뾰족하다. 꼬리는 가늘고 종편하며 측면에 융기선이 있다. 등지느러미는 2개로 제2등지느러미는 매우 작고 꼬리지느러미 앞에 위치한다. 입은 아래쪽에 위치하고 아래가 둥글게 완곡되어 있다. 눈은 둥글고 눈꺼풀이 없으며 분수공은 작다. 예리하고 뾰족한 약간 휘어진 긴 삼각형의 이가 양 턱에 있다. 상대적으로 가슴지느러미 길이는 머리길이보다 짧다. 꼬리지느러미는 초승달모양으로 상하가 대칭형이고 위쪽 뒷 가장자리 부분에 1개의 작은 결각이 있다.

특 징

자신 길이보다 몇 배 높이로 물 위로 점프나 도약을 한다. 사람이나 보트를 공격하는 경우가 종종 있어 매우 위험한 종이다. 최대 280km/h의 속도를 낼 수 있다.

은상어

분 포

우리나라 서 · 남해, 일본의 태평양 연안, 동중국해

서식지

심해성 어종으로 수심 60~550m인 바닥이 펄질 또는 펄이 많이 섞인 모래질인 곳에 서식한다.

형 태

머리는 크고 약간 측편되고 뒤쪽으로 갈수록 가늘어져서 꼬리는 실처럼 길게 연장되어 있다. 주둥이는 짧고 둔하며 눈은 타원형이고 콧구멍은 크다. 제 1등지느러미 양쪽에는 크고 단단한 1개의 가시가 있으며 가시의 뒤 가장자리는 톱니로 되어 있다. 꼬리지느러미는 제 2등지느러미와 뒷지느러미와의 경계부분이 각각 깊이 패어 있어 쉽게 구별된다. 가슴지느러미는 크고 옆줄은 1개로 불규칙한 작은 물결무늬로 이루어져 있다. 수컷은 이마에 갈고리 모양의 돌기가 있으며 배지느러미 뒤쪽에는 끝이 세 갈래로 갈라진 교미기가 있어 암컷과 쉽게 구별된다. 이빨은 서로 붙어서 치판을 이루며 위턱에 두 쌍이 있다.

별상어

분 포

우리나라 전 연안, 일본 북해도 이남, 동중국해, 황해

서식지

바닥이 모래나 펄질이고 수심 200m 이내인 연안의 얕은 바다에 주로 서식한다.

형 태

몸은 가늘고 머리부분은 납작하고 폭이 넓다. 눈은 가늘고 길며 눈까풀이 발달되어 있다. 양턱의 이빨은 같은 크기 같은 모양으로 편평하게 줄지어 있다. 등지느러미는 2개로 가시가 없으며 제 1등지느러미는 가슴지느러미와 배지느러미 중간에 위치하고 뒷지느러미는 제 2등지느러미의 뒤끝 아래 부분에서 시작한다. 분수공은 눈의 바로 뒤쪽에 위치한다.

까치상어

분 포

우리나라의 남 · 서해 및 제주도, 일본 중부이남, 중국해, 인도양 등에 널리 분포

서식지

연안성 어류로 해안의 진흙바닥이나 바닷풀 속에서 서식한다.

형 태

양 턱에는 뾰족한 이가 있는데 가운데 끝을 중심으로 양옆에 작은 뾰족한 이가 또 형성되어 있다. 입 양쪽 끝에는 입술주름이 잘 발달되어 있다. 분수공은 작고 제일 뒤쪽의 아가미구멍은 가슴지느러미 기저 위에 있다. 제 1등지느러미는 가슴지느러미와 배지느러미 사이에 위치하고 제 2등지느러미의 크기는 제1등지느러미와 비교해서 그렇게 작지 않다. 눈은 타원형이고 그 아래쪽에 약간 발달한 눈까풀이 있다. 눈은 머리의 측면의 등쪽에 위치해 밑에서 보면 눈이 보이지 않는다.

표범상어

분 포

우리나라 남해, 일본 중부이남, 동중국해, 남중국해

서식지

제주도와 대만 사이의 수심 80~100m 되는 대륙붕에 주로 서식한다.

형 태

몸은 가늘고 길며, 머리는 작고 다소 납작하며 몸통부분과 꼬리부분은 약간 측편되어 있다. 눈은 가늘고 길며 눈까풀은 발달이 나쁘고 작다. 주둥이는 짧고 그 끝은 다소 뾰족한 편이며 입은 반달모양으로 아래쪽에 위치한다. 분수공은 작고 눈의 바로 뒤쪽에 붙어 있다. 양턱의 이빨은 작고 같은 크기와 모양으로 이빨은 중앙에 1개의 큰 돌기가 있고 그 양쪽으로 1~2개의 작은 돌기가 있다. 아가미구멍은 5쌍으로 마지막 구멍은 가슴지느러미 기저 위쪽에 위치한다. 제 1등지느러미는 배지느러미보다 앞쪽에 위치하며 제 2등지느러미는 뒷지느러미보다 뒤쪽에서 시작된다. 가슴지느러미에는 7~8개의 검은 점이 있으며, 제 1등지느러미 끝부분은 검다.

불범상어

분 포

우리나라 서 · 남해, 일본 중부이남, 동중국해

서식지

저서성 어류로서 수심 80~100m 되는 대륙붕 위에 주로 서식한다.

형 태

몸은 앞부분은 납작하지만 뒤쪽은 원통형에 가깝고 뒤로 갈수록 점차 가늘고 길어진다. 눈은 가늘고 길며 눈꺼풀이 없다. 주둥이는 짧고 그 끝은 둔한 편이다. 양턱의 이빨은 작으며 세 갈래로 갈라져 있다. 제 1등지느러미는 배지느러미보다 뒤쪽에서 시작한다. 아가미구멍은 5쌍으로 작은 편이며 맨 마지막 1쌍이 가장 작다. 제 2등지느러미는 뒷지느러미 뒤쪽에서 시작한다.

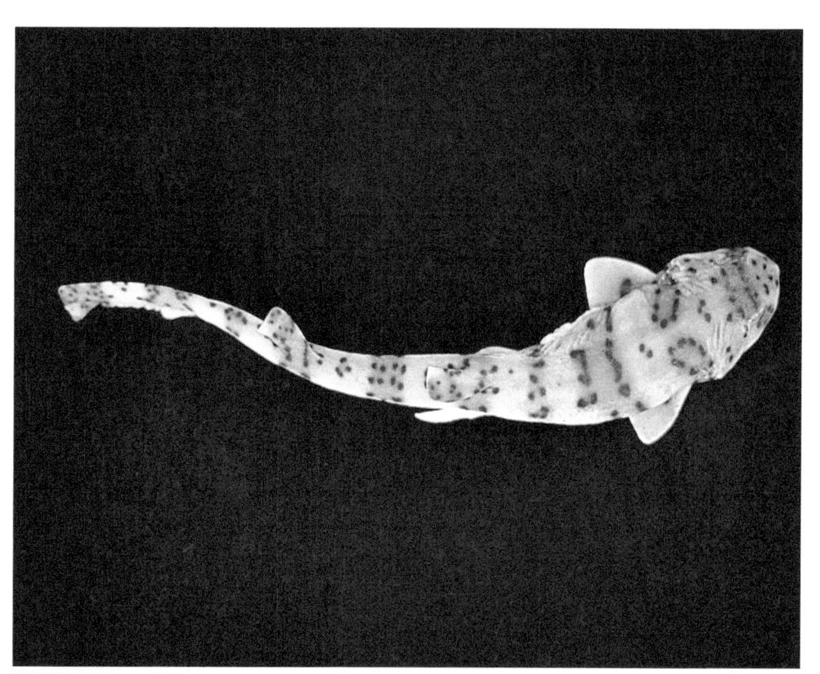

두톱상어

분 포

우리나라 중부이남, 일본 북해도 이남, 동중국해

서식지

저서성 어류로서 연안에서 대륙붕 가장자리까지의 밑바닥에 주로 서식한다.

형 태

몸은 길게 뻗어 있으며 머리와 몸통은 납작하고 폭이 넓으며 꼬리부분은 약간 측편한다. 주둥이는 짧고 끝이 둥글며 입은 아래에 위치한다. 양턱의 이빨은 같은 모양으로 끝이 3~5갈래로 갈라져 있다. 눈은 가늘고 긴 편이며 분수공은 눈의 바로 뒤쪽에 위치한다. 제 1등지느러미는 배지느러미 뒤쪽 위에 위치하고 제 2등지느러미는 뒷지느러미 뒤쪽 위에 위치한다. 아가미구멍은 5쌍으로 크기는 작으며, 맨 마지막의 것은 가슴지느러미 기저 위에 있다. 비늘은 방패비늘로서 세 갈래로 갈라져 있으며 중앙의 것이 가장 크다.

먹장어

분 포

우리나라 중부이남 연안, 일본 중부이남

서식지

일반적으로 바닥이 펄질이며, 수심 45~60m 되는 연안이나 내만의 얕은 바다에 주로 서식한다.

형 태

몸은 가늘고 긴 원통형으로 꼬리부분은 약간 측편되고 턱이 없다. 눈은 퇴화되어 피부 속에 묻혀 있어 겉으로는 보이지 않는다. 입은 구멍모양이며 양쪽에 4쌍의 수염이 있다. 아가미구멍은 좌우로 6개, 때로는 7개로 1줄로 나란히 떨어져 배열되어 있으며 왼쪽 6번째 구멍이 가장 크다. 몸의 양쪽에는 1줄의 점액공이 줄지어 있으며 여기서 많은 점액이 분비된다. 혀는 잘 발달된 육질로서 돌출할 수 있으며빗모양의 이빨이 나 있다. 지느러미는 꼬리지느러미만 있다.

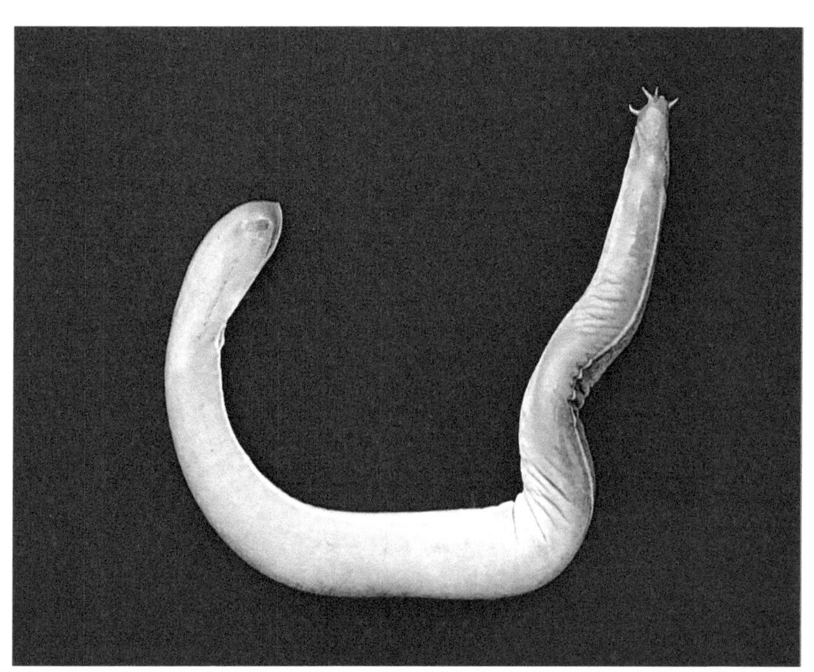

묵꾀장어

분 포

우리나라 전 연안, 일본 중부이남

서식지

서해의 일향초 주변 해역과 제주도 남부 해역의 수심 45~80m 되는 바닥이 펄질이나 모래가 섞인 펄질에 주로 서식한다.

형 태

몸은 뱀장어와 비슷한 원통형으로 길게 연장되어 있으며 턱이 없다. 몸의 양쪽에 있는 6쌍의 아가미구멍은 서로 붙어 있으며 1줄 또는 불규칙한 2줄로 되어 있고 왼쪽에 있는 맨 마지막 것이 가장 크다. 머리에서 꼬리부분까지 2줄로 나란히 배열된 점액구멍이 있어 여기서 많은 점액이 분비된다. 콧구멍과 입의 양쪽에 각각 2쌍의 촉수가 있다. 눈은 퇴화되어 피부 아래에 묻혀 있으며, 혓바닥 위에 이빨이 있다. 지느러미는 꼬리지느러미만 있다.

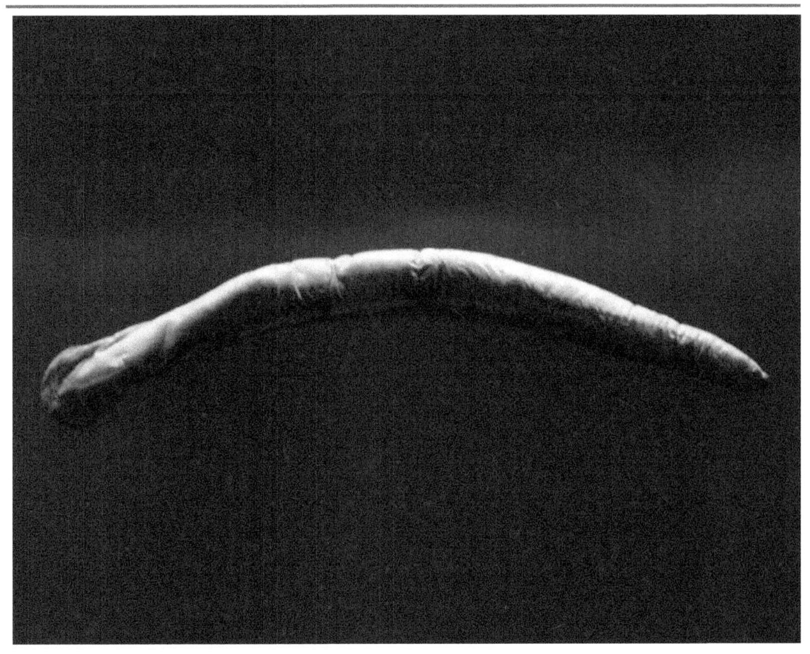

뱀장어

분 포

우리나라 전 연안, 일본, 중국

서식지

강이나 저수지, 도랑, 늪 등지에 주로 서식하며, 낮에는 물밑이나 풀 속에 숨어있다.

형 태

몸은 가늘고 긴 원통형이며 꼬리부분은 약간 측편한다. 입은 크고 세로로 찢어져 있고 아래턱은 위턱보다 약간 돌출된다. 잘 발달된 아가미구멍은 옆구리에 있고 수직형이다. 타원형의 작은 둥근비늘이 피부 아래에 묻혀 있으며 배지느러미는 없다. 등지느러미는 머리보다 훨씬 뒤쪽에서 시작되고 뒷지느러미와 함께 꼬리지느러미에 연결되어 있다.

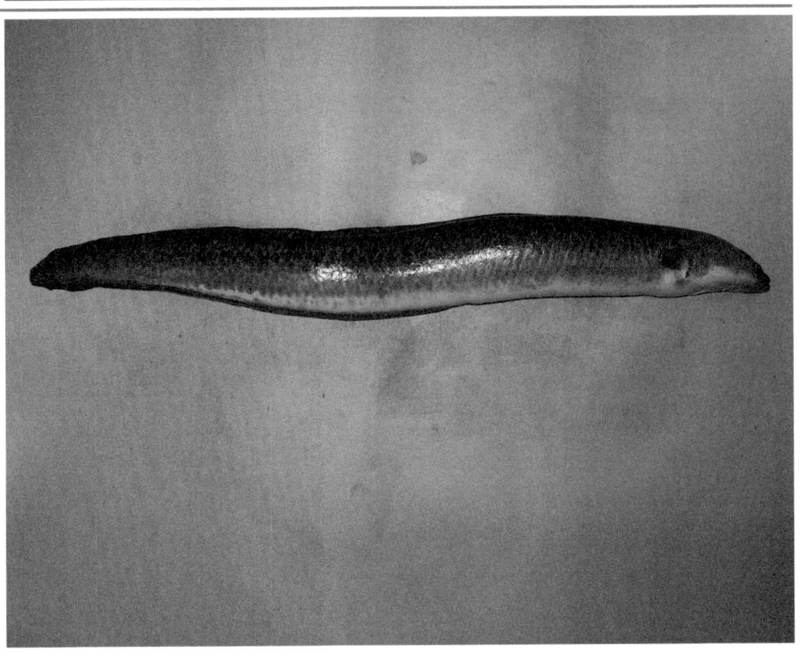

붕장어

분 포

우리나라 전 연근해, 일본, 북해도이남 해역, 동중국해, 발해만

서식지

가을이 되면, 우리나라 연근해에서 성숙된 어미는 남하하기 시작하여 제주도 서남해역을 걸쳐 산란기로 추정되는 4~5월경 일본 남부해의 대륙붕 연변에서 산란한다. 산란장에서 부화된 자어는 렙토세팔루스라는 버들잎 모양의 유생으로 쿠로시오 난류를 따라 우리나라 각 연안으로 몰려와 여기서 붕장어 모양으로 변태하여 서식한다.

형 태

몸은 원통형으로 가늘고 길며 꼬리부분은 약간 측편한다. 등지느러미는 가슴지느러미의 중앙부분 보다도 더 뒤쪽에서 시작된다. 등지느러미와 뒷지느러미는 꼬리지느러미와 연결되어 있고 그 가장자리는 검은 색이다. 각 지느러미에는 가시가 없고 배지느러미가 없다. 옆줄구멍은 항문보다 앞쪽에 38~43개가 있다.

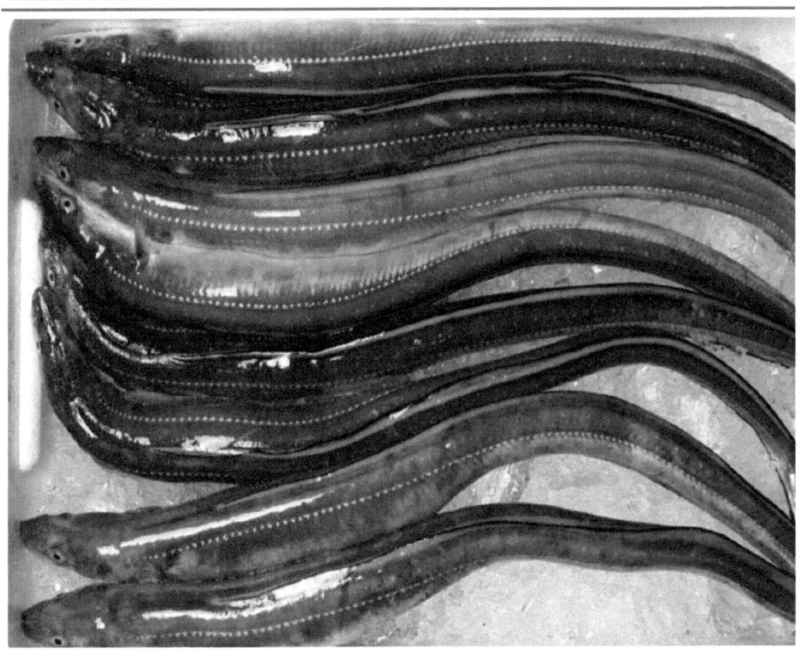

칠성장어

분 포

우리나라 동·남해, 일본 서해, 시베리아, 연해주

서식지

알에서 부화된 유생은 암모코에트(Ammocoete)로서 하천의 펄 속에서 생활하다가 가을~겨울에 변태를 하여 칠성장어의 모양을 갖추고 이듬해 봄 크기가 15~20cm가 되면 전부 바다로 내려간다. 몸길이 40~50cm 크기로 성숙하게 되면 하천으로 올라가 산란한다.

형 태

몸은 원통형으로 가늘고 길다. 눈은 잘 발달되어 있고 콧구멍은 머리의 등쪽에 위치한다. 입은 머리의 아래쪽에 위치하고 빨판 모양으로 입술에 많은 이빨들이 있으며, 턱이 없다. 눈의 뒤쪽 몸 옆에는 7쌍의 아가미구멍이 1줄로 나란히 배열되어 있다. 가슴지느러미, 배지느러미, 비늘 등은 없다. 등지느러미는 2개이지만 성숙하게 되면 서로 연결된다.